VBA エキスパート 公式テキスト

Access VBA ベーシック

VBA Expert

JN226134

///// Odyssey
communications

はじめに

本書は、「VBAエキスパート」を開発したオデッセイ コミュニケーションズが発行するVBAの学習書です。

VBAエキスパートは、ExcelやAccessのマクロ・VBAスキルを証明する資格として、2003年4月にスタートしました。ビジネスの現場でよく使われる機能に重点をおき、ユーザー自らがプログラミングするスキルを客観的に証明する資格です。VBAエキスパートの取得に向けた学習を通して、実務に役立つスキルが身に付きます。

本書は、VBAエキスパートの公式テキストとして、「Access VBAベーシック」の試験範囲を完全にカバーしており、試験の合格を目指す方はもちろん、VBAを体系的に学習したい方にも最適な学習書として制作されています。
学習する上で大切なポイント、学習者が間違えやすいところは具体的な例を挙げながら重点的に解説し、実習を繰り返すことで、確実にVBAをマスターできるように配慮されています。

本書をご活用いただき、VBAの知識とスキルの取得や、VBAエキスパートの受験にお役立てください。

株式会社オデッセイ コミュニケーションズ

Access VBA Basic
Contents

1 VBAの基礎知識

2 データベースの基礎知識

5 関数

6 DoCmdオブジェクト

9 SQL

10 Visual Basic Editorの操作とデバッグ

本書について

■ 本書の目的

本書は、基礎から体系的にマクロ・VBAスキルを習得することを目的とした書籍です。実務でよく使われる機能に重点を置いて解説しているため、実践的なスキルが身につきます。VBA エキスパート「Access VBAベーシック」試験の出題範囲を完全に網羅した、株式会社オデッセイコミュニケーションズが発行する公式テキストです。

■ 対象読者

Accessの基本的な操作を理解し、Access VBAについて体系的に学習したい方、VBA エキスパート「Access VBAベーシック」の合格を目指す方を対象としています。

■ 本書の制作環境

本書は以下の環境を使用して制作しています（2019年9月現在）。

- Windows 10 Professional（64ビット版）
- Microsoft Office Professional Plus 2016

■ 本書の表記について

本文中のマークには、次のような意味があります。

⊚memo	本文に関連する手順や知っておくべき事項を説明しています。
重要▶	操作を行う上で注意すべき点を説明しています。

■ 学習用データのダウンロード

本書で学習する読者のために、下記の学習用データを提供いたします。

- サンプルデータベース
- 演習問題
- VBAエキスパート「Access VBAベーシック」模擬問題（ご利用に必要なシリアルキー）

学習用データは、以下の手順でご利用ください。

1. ユーザー情報登録ページを開き、認証画面にユーザー名とパスワードを入力します。

ユーザー情報登録ページ	https://vbae.odyssey-com.co.jp/book/ac_basic/
ユーザー名	acbasic
パスワード	6Krb2B

2. ユーザー情報登録フォームが表示されますので、お客様情報を入力して登録します。
3. 登録されたメールアドレス宛に、ダウンロードページのURLが記載されたメールが届きます。
4. メールに記載されたURLより、学習用データをダウンロードします。

学習環境について

■ 学習環境

本書で学習するには、Accessがインストールされた Windows パソコンをご利用ください。
本書は Microsoft Office Access 2016を使用して制作していますが、Access 2010、Access 2013がインストールされた Windows パソコンでも学習していただけます。

■ リボンの構成やダイアログボックスの名称

本書に掲載した Access の画面は、Windows 10と Access 2016がインストールされた Windows パソコンで作成しています。Windows OS や Access のバージョンが異なると、Access のリボンの構成やダイアログボックスの名称などが異なることがあります。

■ ファイルの拡張子の表示

ファイルの拡張子を表示させるために、次のように設定します。

❶ 任意のフォルダーを開きます
❷ [表示] タブをクリックし、[ファイル名拡張子] チェックボックスをオンにします

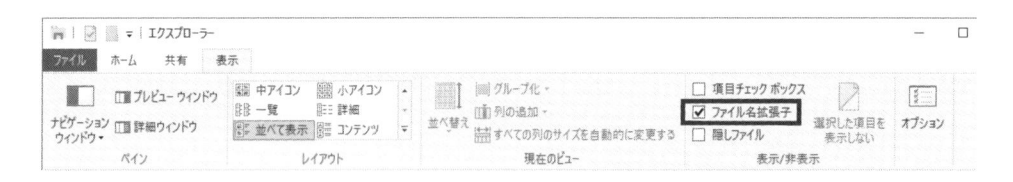

VBAエキスパートの試験概要

■ VBAエキスパートとは

「VBA エキスパート」とは、Microsoft Office アプリケーションのExcel やAccess に搭載されているマクロ・VBA（Visual Basic for Applications）のスキルを証明する認定資格です。株式会社オデッセイ コミュニケーションズが試験を開発し、実施しています。

VBA は、ユーザー個人がルーティンワークを自動化するような初歩的な使い方から、企業内におけるXML Web サービスのフロントエンド、あるいは業務システムなど、多岐にわたって活用されています。

VBA エキスパートの取得は、"ユーザー自らのプログラミング能力" の客観的な証明となります。資格の取得を通して実務に直結したスキルが身につくため、個人やチームの作業効率の向上、ひいては企業におけるコストの低減も期待でき、資格保有者だけでなく、雇用する企業側にも大きなメリットのある資格です。

■ 試験科目

試験科目	概要
Excel VBAベーシック	Excel VBAの基本文法を理解し、基礎的なマクロの読解・記述能力を診断します。ベーシックレベルで診断するスキルには、変数、セル・シート・ブックの操作、条件分岐、繰返し処理などが含まれます。
Excel VBAスタンダード	プロパティ・メソッドなど、Excel VBAの基本文法を理解して、ベーシックレベルよりも高度なマクロを読解・記述する能力を診断します。スタンダードレベルで診断するスキルには、ベーシックレベルを深めた知識に加え、配列、検索とオートフィルター、並べ替え、テーブル操作、エラー対策などが含まれます。
Access VBAベーシック	データベースの基礎知識、Access VBAの基本文法をはじめ、SQLに関する基礎的な理解力を診断します。ベーシックレベルで診断するスキルには、変数、条件分岐、繰返し処理、オブジェクトの操作、関数などのほか、Visual Basic Editorの利用スキル、デバッグの基礎などが含まれます。
Access VBAスタンダード	データベースの基礎知識、Access VBAの基本文法、SQLなど、ベーシックレベルのスキルに加え、より高度なプログラムを読解・記述する能力を診断します。スタンダードレベルで診断するスキルには、ファイル操作、ADO/DAOによるデータベース操作、オブジェクトの操作、プログラミングのトレース能力、エラー対策などが含まれます。

■ 試験の形態と受験料

試験会場のコンピューター上で解答する、CBT（Computer Based Testing）方式で行われます。

● Access VBA ベーシック

出題数	40問前後
出題形式	選択問題（選択肢形式、ドロップダウンリスト形式、クリック形式、ドラッグ＆ドロップ形式） 穴埋め記述問題
試験時間	50分
合格基準	650～800点（1000点満点）以上の正解率 ※ 問題の難易度により変動
受験料	〈一般〉13,200円（税込） 〈割引〉11,880円（税込） ※ VBA エキスパート割引受験制度を利用した場合

■ Access VBA ベーシックの出題範囲と本書の対応表

大分類	小分類	章
1.VBAの基礎知識	1. VBAとは	1章
	2. セキュリティレベル	
	3. モジュールとプロシージャ	
	4. オブジェクト、プロパティ、メソッド	
	5. 演算子、論理式	
	6. コードの記述（行継続文字、コメント、インデント）	
2.データベースの基礎知識	1. テーブル・インデックスの作成/設計（主キー、インデックス、適切なテーブルの分割と正規化）	2章
	2. Accessオブジェクト	
3.変数・定数・配列	1. 変数の名前と宣言	3章
	2. 変数の代入と取得	
	3. 定数	
	4. 配列	
4.ステートメント	1. 分岐処理（If、Select Case）	4章
	2. 繰り返し処理（For...Next、Do...Loop、For Each...Next）	
	3. その他のステートメント（With、Exit）	

大分類	小分類	章
5. 関数	1. 数値を操作する関数	5章
	2. 文字列を操作する関数	
	3. 日付と時刻を操作する関数	
	4. 定義域集計関数	
	5. 変換関数	
	6. 評価関数	
	7. ダイアログボックスを表示する関数	
	8. その他の関数	
6. DoCmdオブジェクト	1. オブジェクトの操作	6章
	2. フォームとレポートの操作	
	3. クエリの操作	
	4. データ操作	
	5. その他のAccess操作	
7. フォームとレポート	1. フォームとレポートの操作	7章、8章
	2. コントロールの操作	
	3. イベント	
8. SQL基礎	1. クエリの基本	9章
	2. テーブルの作成、削除	
	3. レコードの選択	
	4. 絞り込み/並べ替え	
	5. テーブルの結合	
	6. 集計クエリ	
	7. レコード追加、更新、削除	
9. 実行とデバッグ	1. VBEの基本操作	10章
	2. デバッグ、エラーへの対処	
	3. コードの保護、配布	

その他、VBA エキスパートに関する最新情報は、公式サイトを参照してください。
URL：https://vbae.odyssey-com.co.jp/

1

VBAの基礎知識

この章では、VBAを使って開発を行う上で、最低限知っておくべき知識について簡単に解説していきます。効率よく実行する方法を学習しましょう。

1-1 VBAとは

VBAとはなにか

VBAは、**Visual Basic for Applications**と呼ばれる開発言語の略称です。複雑な処理や定型作業を自動化するために、Office 製品に搭載されている機能のひとつで、Accessには「Access VBA」が、Excelには「Excel VBA」がそれぞれ用意されています。VBAはVisual Basicという開発言語をベースに作られています。このVisual BasicとAccess、ExcelのVBAには共通点もありますが、VBAは各アプリケーション用にカスタマイズされているため異なる部分もあります。また同じVBAでもAccess VBAとExcel VBAでは、使える命令などに違いがあります。Accessにはもうひとつ、自動化するための機能である「マクロ」が搭載されています。このマクロについては、本書では取り扱いません。

セキュリティについて

これからAccess VBAを学習していきますが、VBAを実行するには、**セキュリティセンター**のセキュリティ設定を適切に行う必要があります。Access 2016では、ウイルスなどの危険なプログラムからコンピュータを保護する目的で、信頼できる場所以外に保存されたデータベースファイルを開くとき、セキュリティの警告が表示されるようになっています。このため適切なセキュリティ設定を行わないと、学習するためのVBAの実行まで制限されてしまいます。

では、セキュリティの設定を確認してみましょう。

❶ Accessを起動します

❷ [ファイル] タブをクリックし、[オプション] をクリックします

❸ [Accessのオプション] ダイアログボックスの [セキュリティセンター] をクリックし、[セ
キュリティセンターの設定] ボタンをクリックします

❹ [セキュリティセンター] ダイアログボックスが表示されます。[マクロの設定] をクリックし、マクロの設定が、[警告を表示してすべてのマクロを無効にする] オプションボタンが選択されていることを確認します。

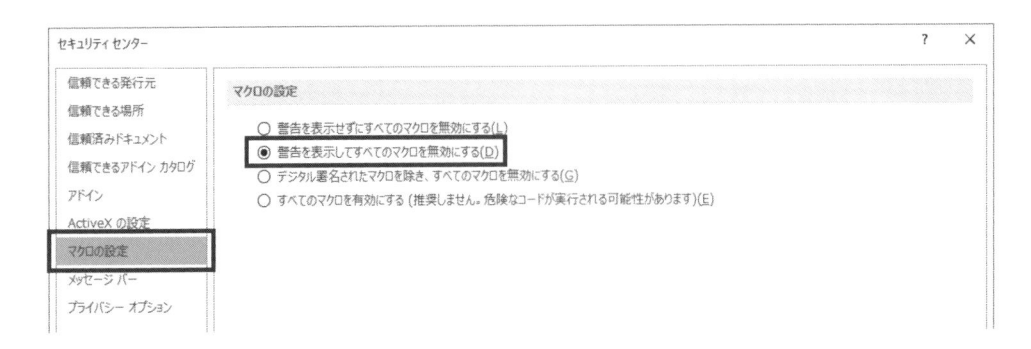

この設定で、VBAを含んだデータベースファイルを開くと、メッセージバーに [セキュリティの警告] が表示されます

❺ ダイアログボックスを閉じ、実習ファイルの「B01.accdb」を開いてください

❻ メッセージバーの [コンテンツの有効化] ボタンをクリックすると、マクロを使用することができます。この設定は、データベースファイルを閉じた後も有効です。Access 2016では、一度 [コンテンツの有効化] ボタンをクリックしたら、そのデータベースファイルでは、セキュリティの警告が表示されなくなります

セキュリティセンターに**信頼できる場所**を追加することで、その中にあるデータベースファイルはセキュリティの警告なしに、VBAの機能を使用することができるようになります。

では、「信頼できる場所」を追加してみましょう。

❶ [セキュリティセンター] ダイアログボックスを表示します

❷ [信頼できる場所] をクリックし、[新しい場所の追加] ボタンをクリックします

❸ [Microsoft Officeの信頼できる場所] ダイアログボックスが表示されるので、学習用データベースファイルがあるフォルダを指定します

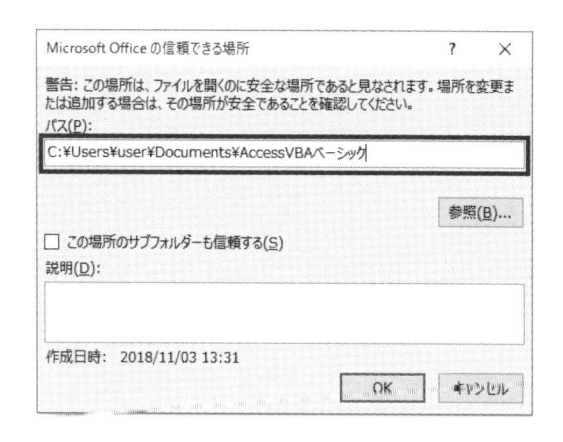

❹ [OK] ボタンをクリックし、[信頼できる場所] リストボックスに指定したフォルダが追加されていることを確認します

これで、指定したフォルダ内のデータベースファイルは、[セキュリティの警告] の表示なしに開くことができ、VBAを使用することができます。

●memo

[Microsoft Officeの信頼できる場所] ダイアログボックスで、[この場所のサブフォルダーも信頼する] チェックボックスにチェックを入れると、指定したフォルダの中にあるサブフォルダも、信頼できる場所として設定されます。

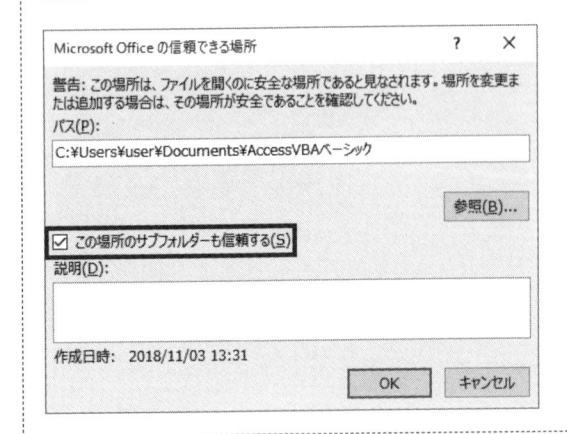

1-2 モジュールとは

モジュールとは、VBAで作成したプログラム（プロシージャ）を格納する「入れ物（オブジェクト）」です。モジュールがないと、VBAのプログラムを記述したり保存したりすることができません。モジュールは通常、**ひとつの宣言セクション**と、**ひとつまたは複数のプロシージャ**で構成されています。

```
(General)                              ∨   (Declarations)

    Option Compare Database◀──────────────────────── 宣言セクション
    Option Explicit

    Sub Test1()◀────────────────────────────┐
        MsgBox Date                         ├── ひとつまたは
    End Sub                                 │   複数のプロシージャ
                                            │
    Sub Test2()◀────────────────────────────┘
        DoCmd.OpenForm "住所入力フォーム", acNormal
        MsgBox "フォームを開きました"
    End Sub
```

モジュールの種類

モジュールには、自由に作成、削除ができる「標準モジュール」と、フォーム、レポートに関連付けられた「フォームモジュール」、「レポートモジュール」などがあります。モジュールの種類によって、作成の仕方、使用目的、格納できるプロシージャに違いがあります。

● 標準モジュール

標準モジュールは、データベース全体で使用する汎用的なプログラムを格納するモジュールです。標準モジュールは、データベースオブジェクトのひとつ「モジュールオブジェクト」として保存されます。

● フォームモジュール、レポートモジュール

フォームモジュール、レポートモジュールは、データベースオブジェクトのフォーム、レポートに関連付けられたクラスモジュールです。ここには、関連付けられているフォームやレポートに関するプログラムを記述します。フォームモジュール、レポートモジュールは、関連付けられているフォーム、レポートと一緒に保存されます。

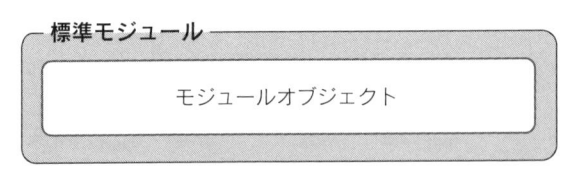

標準モジュールを作成する

標準モジュールを作成するには、いくつかの方法があります。ここでは、標準モジュールを作成するいろいろな方法について解説します。

● Access から標準モジュールを作成する

❶リボンの［作成］タブ→［マクロとコード］グループ→［標準モジュール］ボタンをクリックします

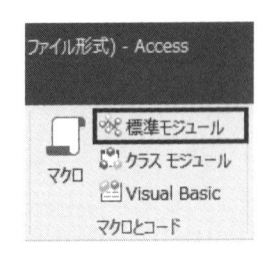

❷VBE が自動的に起動し、空の標準モジュールが作成されます。

ここで、画面の左上側に表示されているウィンドウを**プロジェクトエクスプローラ**、左下側に表示されているウィンドウを**プロパティウィンドウ**、画面右側に表示されているウィンドウを**コードウィンドウ**と呼びます。VBEには他にもたくさんのウィンドウがあります。詳細については「10-1 Visual Basic Editor（VBE）の操作」で解説します。

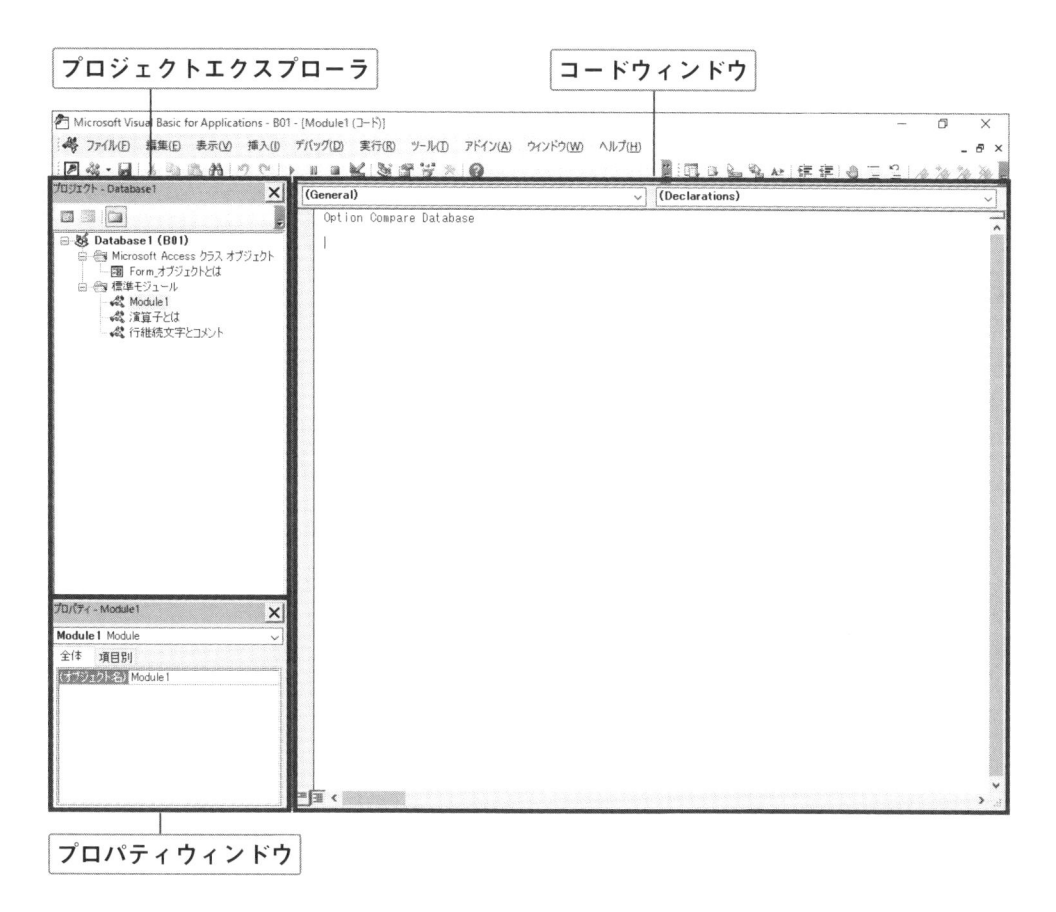

プロジェクトエクスプローラ　コードウィンドウ

プロパティウィンドウ

この状態では、新規作成された標準モジュールはまだ保存されていません。保存するには、次の手順を行います

❸VBEの［ファイル］メニュー→［B01の上書き保存］をクリックします

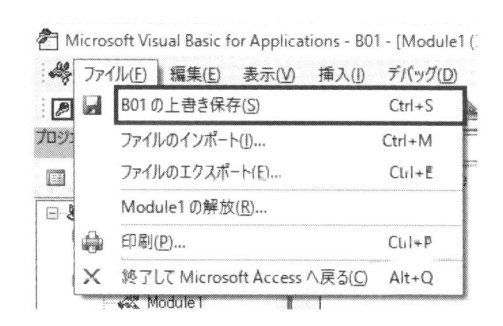

❹［名前を付けて保存］ダイアログボックスが表示されるので、モジュール名を付けて保存します。ここではモジュール名の「Module1」は変更せずに、そのまま保存します

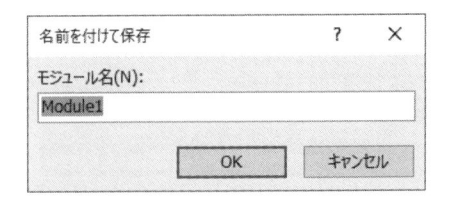

❺保存したら、Accessのナビゲーションウィンドウの中に「Module1」モジュールが保存されているのを確認します

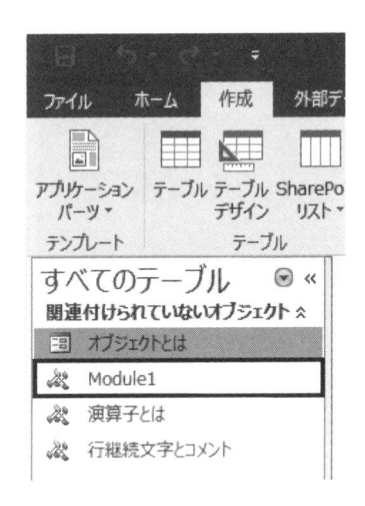

● VBE から標準モジュールを作成する

VBE を起動した状態なら、VBE から標準モジュールを作成することができます。

❶[挿入] メニュー→ [標準モジュール] をクリックすると、「Module2」モジュールが作成されます

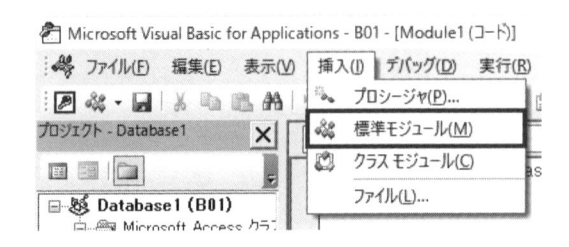

標準モジュールは、プロジェクトエクスプローラを右クリックすることでも作成できます。

❷ プロジェクトエクスプローラを選択し、右クリックのショートカットメニューから［挿入］
　→［標準モジュール］をクリックすると、「Module3」モジュールが作成されます。

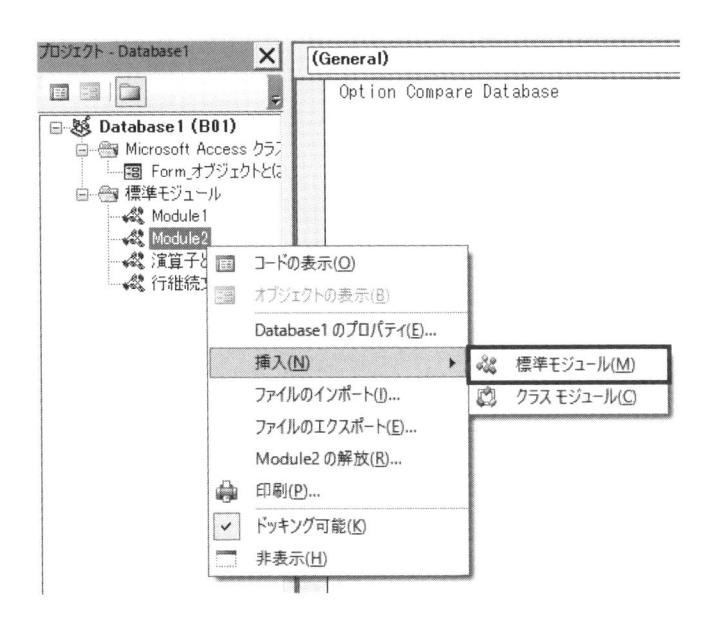

この状態では先ほどと同様、モジュールは保存されていません

❸［ファイル］メニュー→［B01 の上書き保存］で、新規作成された「Module2」、「Module3」
　モジュールを保存します

標準モジュールを削除する

● Access から標準モジュールを削除する
❶ ナビゲーションウィンドウから、「Module1」モジュールを選択します

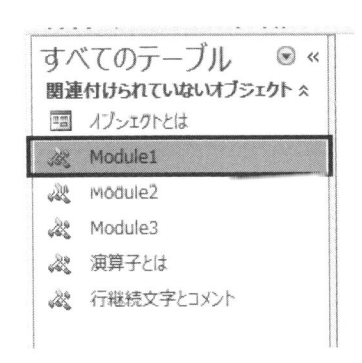

❷リボンの［ホーム］タブ→［レコード］グループ→［削除］ボタンをクリックします

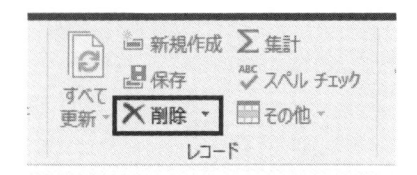

❸削除確認のダイアログボックスが表示されるので、［はい］ボタンをクリックします

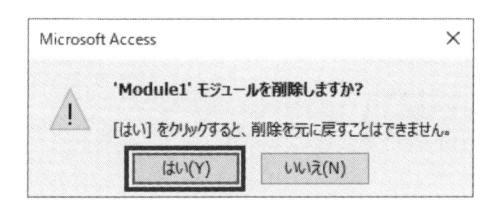

❹ナビゲーションウィンドウの「Module1」モジュールが削除されていることを確認します

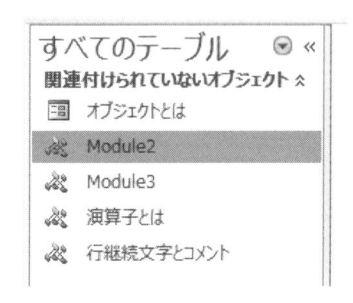

標準モジュールは、ナビゲーションウィンドウを右クリックすることでも削除できます。

❺ナビゲーションウィンドウの「Module2」モジュールが選択されている状態で、右クリックし、ショートカットメニューより［削除］をクリックします

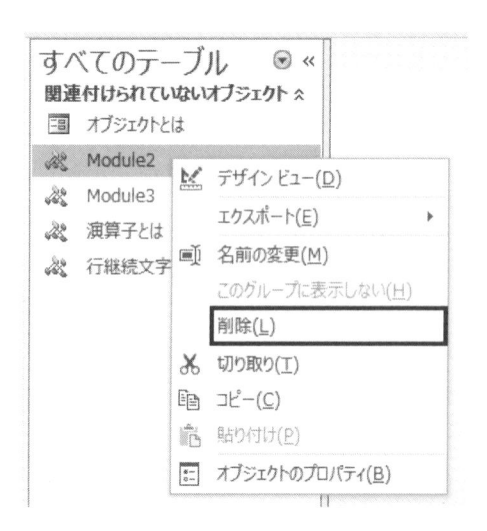

❻確認のダイアログボックスで［はい］ボタンをクリックすると「Module2」モジュールが削除されます

●VBE から標準モジュールを削除する
❶プロジェクトエクスプローラから「Module3」モジュールを選択し、右クリックしてショートカットメニューから［Module3の解放］をクリックします

❷ダイアログボックスが開き、「削除する前にModule3をエクスポートしますか？」と表示されるので、［いいえ］ボタンをクリックします

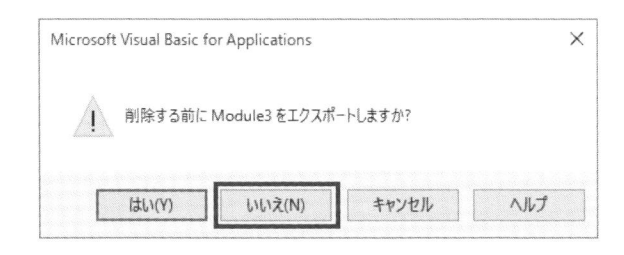

❸削除したら、Accessのナビゲーションウィンドウの「Module3」モジュールが削除されていることを確認します

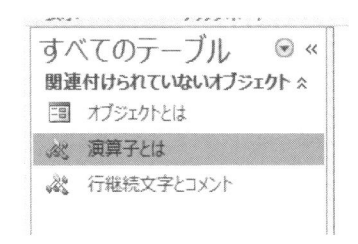

削除した標準モジュールを**元に戻す**ことはできません。また、標準モジュールを削除すると、標準モジュール内に記述されていたプログラムは、**すべて削除されます**。

memo

AccessとVBEの切り替えは、タスクバーにあるAccessとVBEのアイコンを選択することで切り替えることができます。より詳しい切り替えの方法については、「10-1 Visual Basic Editor（VBE）の操作」を参照してください。

1-3 プロシージャとは

プロシージャとは、プログラムが処理を行うための命令を手順としてまとめた、**プログラムを構成する最小単位**です。モジュールが入れ物だとしたら、プロシージャはその中身ということになります。これまで、プログラムとプロシージャという言葉を特に区別しないで使ってきましたが、これからは明確に意味を区別して使っていきます。プログラムは、コンピュータに演算などの処理を行わせる手続き全般を指します。つまり、プログラムはひとつまたは複数のプロシージャから構成されています。

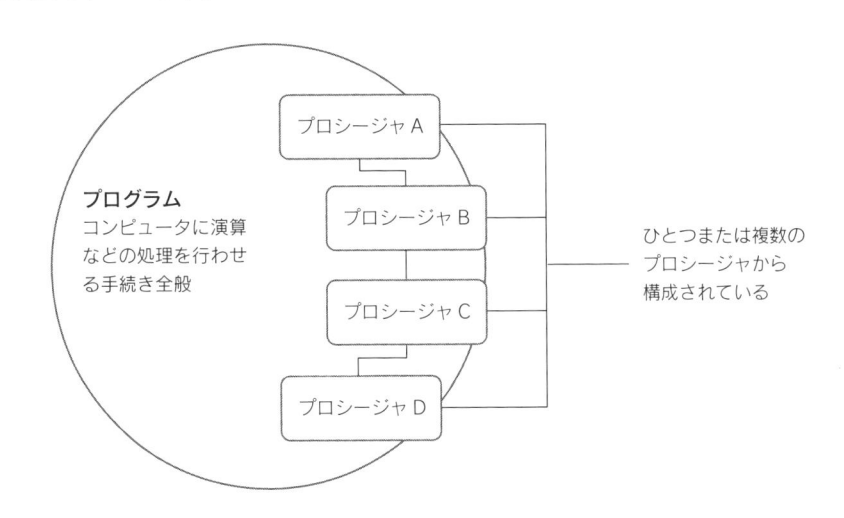

プロシージャの種類

● 標準プロシージャ

「Sub」または「Function」で始まり、「End Sub」または「End Function」で終わる、フォームやレポートなど、特定のオブジェクトに関連付けられていないプロシージャです。すべてのモジュールに記述することができ、他のプロシージャから呼び出すことができるため、汎用性のある処理を記述するのに適しています。

「Sub」で始まる標準プロシージャを**Subプロシージャ**、「Function」で始まる標準プロシージャを**Functionプロシージャ**と呼びます。2つのプロシージャの大きな違いは、処理の結果を返すことができるかどうかです。プロシージャの処理の結果を**戻り値（もどりち）**と呼びます。Subプロシージャは、戻り値を返すことができませんが、Functionプロシージャは戻り値を返

すことができます。Functionプロシージャは独自の関数を作成する場合に使用します。

● イベントプロシージャ

特定のオブジェクトの特定のイベントに関連付けられたプロシージャを**イベントプロシージャ**と呼びます。イベントプロシージャは関連付けられているオブジェクトのクラスモジュール（フォームモジュール、レポートモジュール）に作成されます。

イベントは、オブジェクトに対してユーザーが行う操作などで発生します。このイベントにより実行されるプロシージャがイベントプロシージャです。たとえば、フォームのボタンがクリックされると、「Clickイベント」が発生します。このとき、実行させたい処理を記述する場所がClickイベントのイベントプロシージャになります。

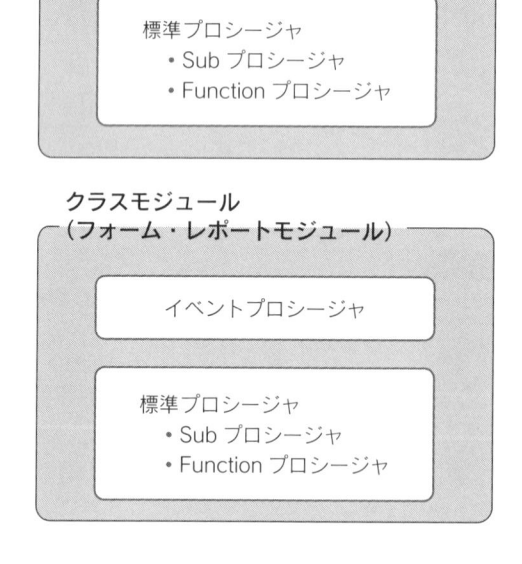

標準プロシージャの作成

では、標準プロシージャのSubプロシージャを作成してみましょう。

❶VBEより、標準モジュールを作成します

❷作成された標準モジュールのコードウィンドウに、「sub test」と記述します

❸ Enter キーを押下すると、改行され「sub test」が「Sub test()」に変わります。また、カーソルの下に「End Sub」という記述が自動的に挿入されます

```
(General)                                              ▼

  Option Compare Database

  Sub test()
  |
  End Sub
```

標準プロシージャのSubプロシージャ「test」が作成されました。せっかくなので、この「test」プロシージャを使って簡単な計算を実行させてみましょう。

❹「msgbox 2+2」と入力して、↓キーを押してください。このような画面になっているはずです

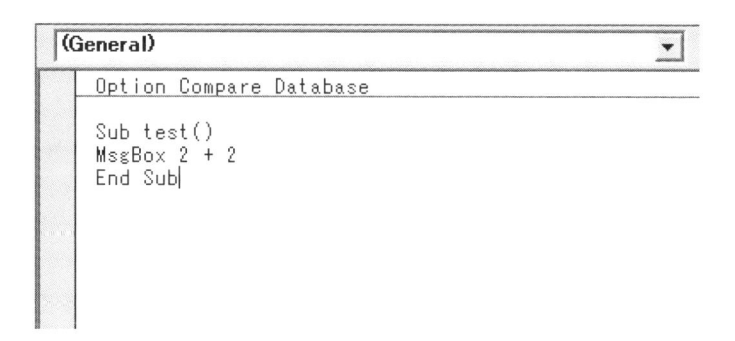

```
(General)                                              ▼

  Option Compare Database

  Sub test()
  MsgBox 2 + 2
  End Sub|
```

❺この状態で、 F5 キーを押します。Accessの画面に切り替わり、計算結果がメッセージボックスに表示されます

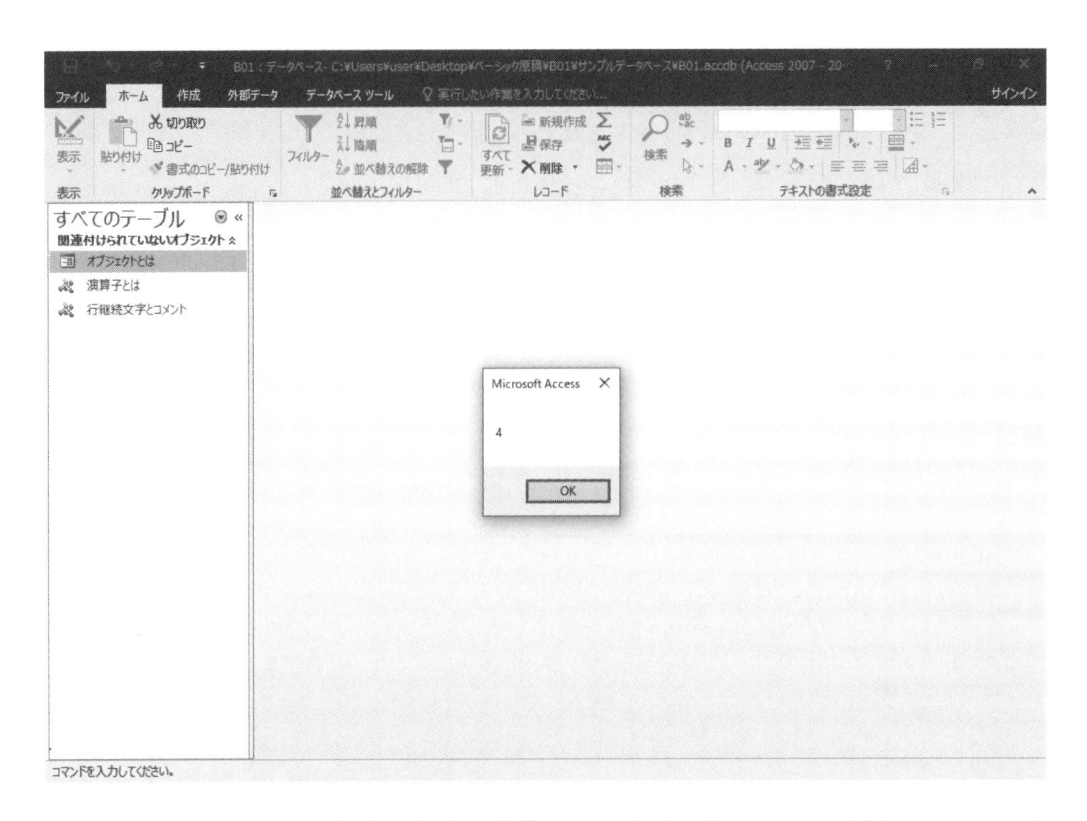

2行目に記述した、「MsgBox」は、MsgBox関数といって、画面にメッセージを表示させるための関数です。関数については、「第5章 関数」で詳しく解説します。

⊙ memo

[F5] キーを押すとSub プロシージャ「test」が実行されました。これは、[F5] キーがSubプロシージャ実行のショートカットキーに割り当てられているからです。VBEの [標準] ツールバーの [Sub/ユーザーフォームの実行] ボタンをクリックしても、同様にプロシージャを実行させることができます。

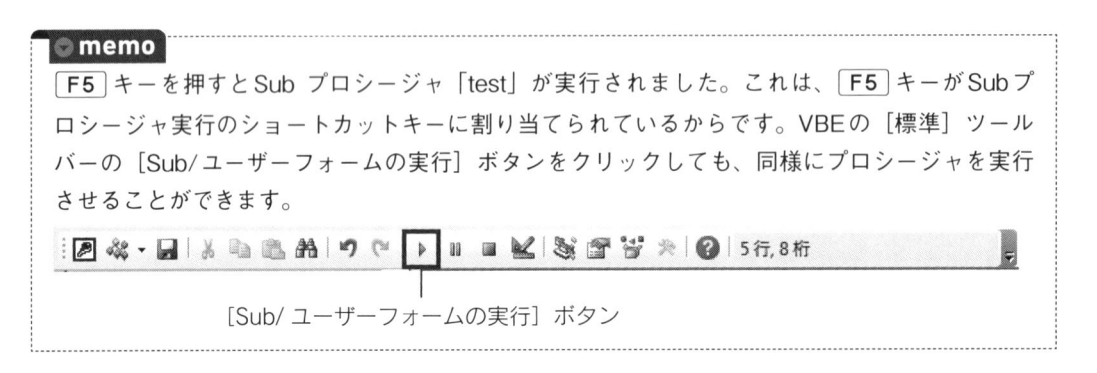

[Sub/ ユーザーフォームの実行] ボタン

⊙ memo

プロシージャ内のコードにインデント（字下げ）を入れると、コードが読みやすくなります。インデントは [Tab] キーを押すと挿入できます。コードの読みやすさを「可読性」といい、高いほど読みやすいコードになります。可読性の低いコードは読みにくいだけでなく、間違いが起こりやすく見つけにくくなります。プログラムを作るときは可読性の高いコードを書くように心がけましょう。

重要！ F5 キーを押したときに、カーソルが実行させたいプロシージャの外にあると、[マクロ] ダイアログボックスが開きます。この場合、[マクロ名] リストボックスから実行させたいプロシージャを選択し、[実行] ボタンをクリックして実行できます。

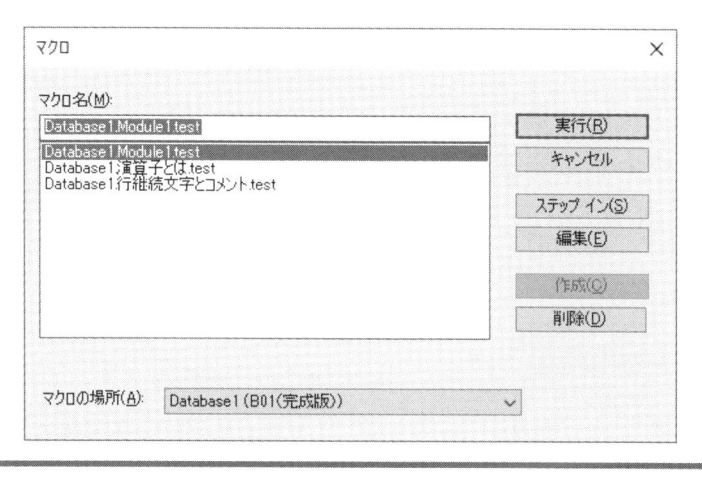

イベントプロシージャの作成については、「8-1 イベントプロシージャとは」で詳しく解説します。

標準プロシージャの削除

プロシージャの削除は、対象となるプロシージャのコード「Sub」から「End Sub」までを削除することで行います。

❶ 先ほど作成した、プロシージャ「test」をすべて選択します

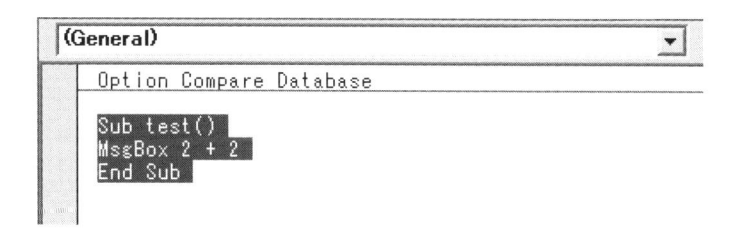

❷ Delete キーを押します。

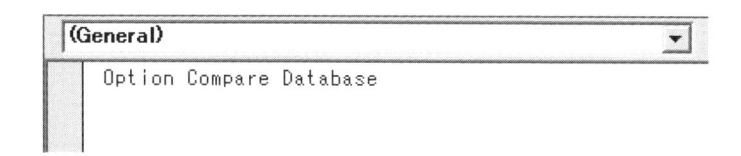

「test」プロシージャが削除されました。イベントプロシージャの削除も、この方法で行うことができます

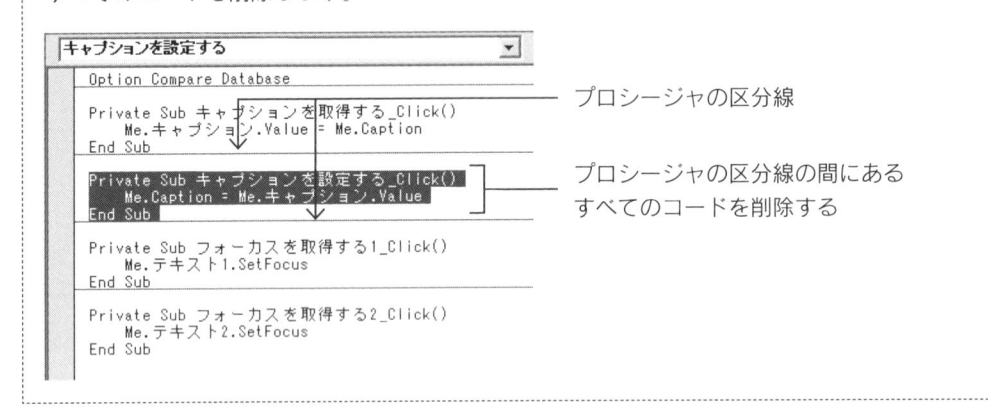

プロシージャの命名規則

標準プロシージャには、自由に名前を付けることができますが、どのような名前でも付けられるということではありません。プロシージャには以下の命名規則があります。

【プロシージャの命名規則】
- ・先頭の文字に数字や記号は使用できない
- ・スペースや「.（ピリオド）」、「!（感嘆符）」などの記号、型宣言文字は使用できない
- ・半角で255文字を超える名前を付けることはできない
- ・予約語（ステートメント、関数、プロパティ、メソッド）と同じ名前を付けることはできない
- ・モジュール内ですでに使っているプロシージャ名を付けることはできない

プロシージャ名に記号を使うことは基本的にできませんが、先頭の文字でなければ「_（アンダーバー）」を使用することができます。また、異なるモジュールにプロシージャを記述する場合は、すでに使用しているプロシージャ名であっても付けることができます。

 **重要** イベントプロシージャの名前は「オブジェクト名_イベント名」と決まっているので、**勝手に変更することはできません。**

1-4 オブジェクトとは

オブジェクトとは、VBAから処理の対象となる、アプリケーションの構成要素を指します。たとえば、フォームやレポートなどのデータベースオブジェクトや、それらに配置されるコントロールなどの対象物をオブジェクトと呼びます。

レポートオブジェクト

フォームオブジェクト

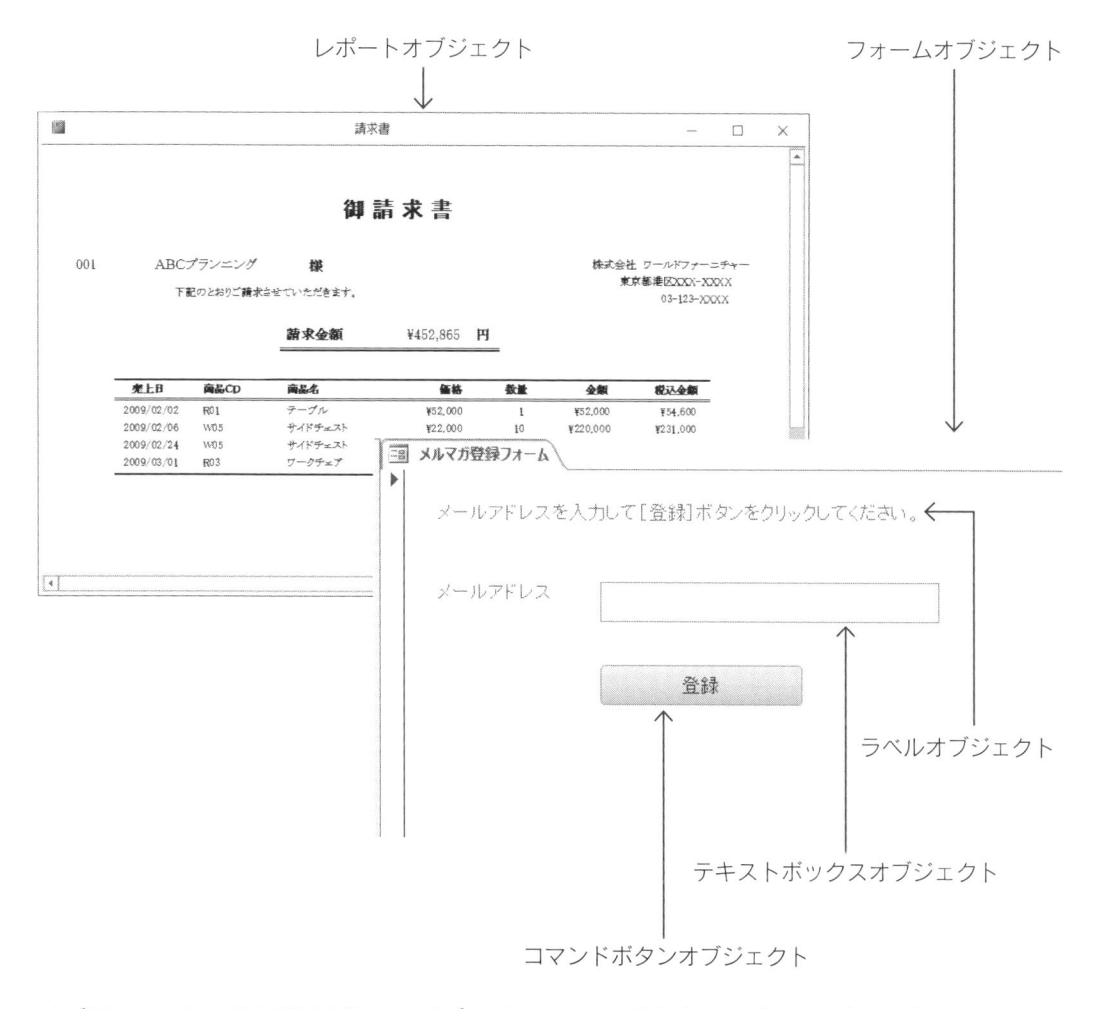

ラベルオブジェクト

テキストボックスオブジェクト

コマンドボタンオブジェクト

オブジェクトは、その属性を決める「プロパティ」と、動作を表す「メソッド」を持っています。たとえば「フォーム」は、フォームの高さや幅、標題として表示される文字といった属性を持っています。これらが**プロパティ**です。また、フォーカスを取得してアクティブになる、データを再クエリして最新のデータを表示するといった動作をさせることもできます。これらが**メソッド**です。

プロパティとは

プロパティは、オブジェクトが持つ属性です。テキストボックスを例に考えてみましょう。テキストボックスは、ユーザーからの入力を受け付けるために、フォーム上に配置するコントロールです。フォームが表示されたとき、テキストボックスがフォームのどの位置に、どれくらいのサイズで、何色で、表示されるかといった情報をどこかに持っていなければなりません。

フォームにテキストボックスを挿入するときに、位置やサイズなどは記録され、背景色は既定値が適用されています。これらが、プロパティです。同じフォームに別のテキストボックスを追加すれば、前のテキストボックスとは別のプロパティが、新しいテキストボックスに適用されます。つまり、プロパティはオブジェクトごとにそれぞれの属性として値を設定されているのです。

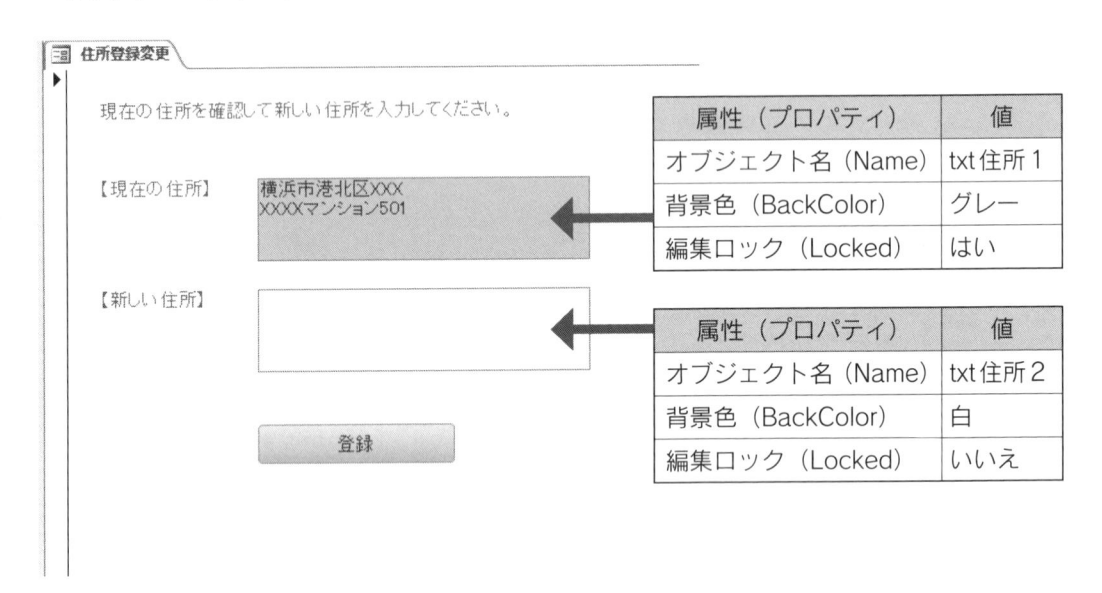

これらのプロパティは、VBAから取得・設定ができ、処理の内容に応じて変化させることができます。フォームの入力作業中に、必要のないコントロールを非表示に（可視プロパティを変更）し、表示させなくする、といったこともできます。VBAでプロパティを取得・設定するには次のように記述します。

【プロパティの取得と設定】

```
プロパティの取得   ：   変数 = オブジェクト. プロパティ
プロパティの設定   ：   オブジェクト. プロパティ = 値
```

フォームにはタイトルを表す「キャプション」という属性（プロパティ）があり、Captionプロパティを使って取得・設定することができます。また、テキストボックスの値はValueプロパティで取得・設定することができます。

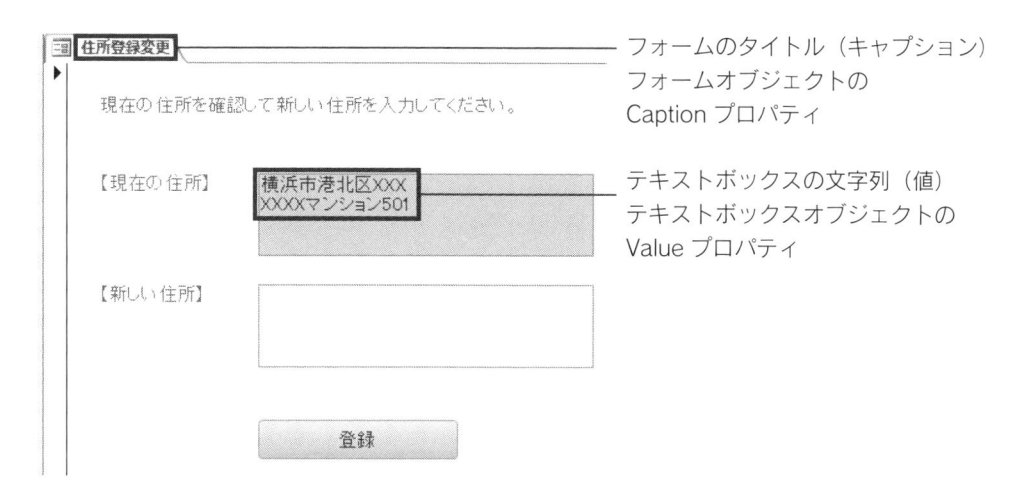

フォームのタイトル（キャプション）
フォームオブジェクトの
Caption プロパティ

テキストボックスの文字列（値）
テキストボックスオブジェクトの
Value プロパティ

ここでは、まずフォームのキャプションをテキストボックスに取得します。次に、テキストボックスに入力された文字列をフォームのキャプションに設定します。

❶VBEのプロジェクトエクスプローラより、［Microsoft Office Accessクラスオブジェクト］をダブルクリックし、［Form_オブジェクトとは］をダブルクリックします

❷コードウィンドウに、このようなコードが表示されます

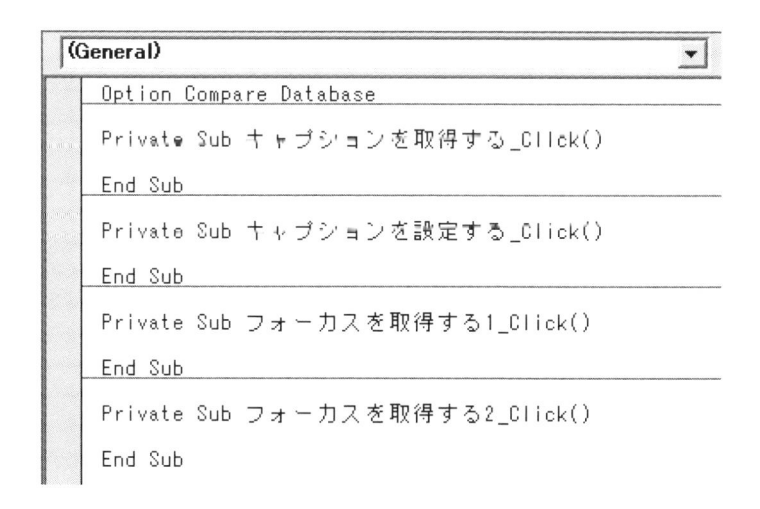

今回は学習しやすくするため、イベントプロシージャをあらかじめ作成してあります。

❸次のように入力してください。

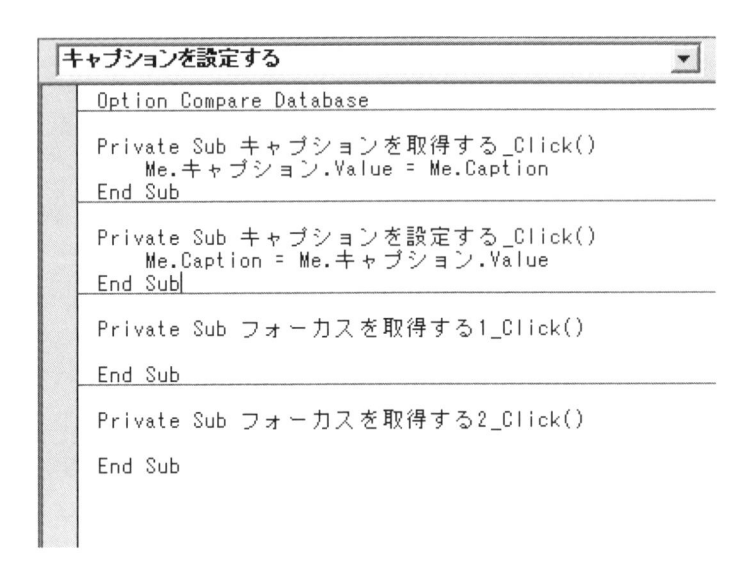

```
キャプションを設定する                                    ▼

     Option Compare Database

     Private Sub キャプションを取得する_Click()
         Me.キャプション.Value = Me.Caption
     End Sub

     Private Sub キャプションを設定する_Click()
         Me.Caption = Me.キャプション.Value
     End Sub

     Private Sub フォーカスを取得する1_Click()

     End Sub

     Private Sub フォーカスを取得する2_Click()

     End Sub
```

ここでは、「Me」はフォームを表します。
また、「Me.キャプション」はフォーム上のテキストボックスを表します

「=」の記号は、代入演算子といって、式の右辺の値を左辺に代入させる演算子です。演算子については、本章の「1-5 演算子とは」で詳しく解説します。

❹Accessの画面に戻り、[オブジェクトとは]フォームをダブルクリックします

❺フォームが表示されます。[キャプションを取得する]ボタンをクリックすると、[キャプション]テキストボックスに、現在のキャプション（標題）が取得されました

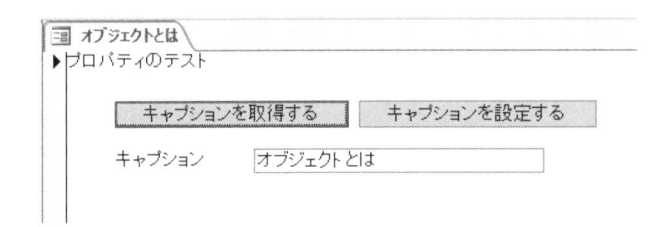

❻次に[キャプション]テキストボックスをクリックし、テキストボックス内の文字列を編集します。「オブジェクトとは」に続けて「123」と入力してみましょう

❼[キャプションを設定する]ボタンをクリックすると、フォームのキャプション（標題）が、編集後の文字列に変更されました

オブジェクトとは123
▶ プロパティのテスト

キャプションを取得する　　キャプションを設定する

キャプション　　オブジェクトとは123

重要! プロパティには、値の取得や設定ができるものと、値の取得のみ可能で、設定することができないものがあります。プロパティについては、「第7章 フォーム・レポートの操作」で詳しく解説します。

メソッドとは

メソッドは、オブジェクトが行うことのできる動作に対する命令です。Access VBAには「DoCmdオブジェクト」という、Accessそのものの動作に対して命令することができるオブジェクトがあります。たとえば、フォームを開く、レポートを印刷する、アクティブウィンドウを最大化する、といった動作をAccessに実行させることができます。このとき、DoCmdオブジェクトに対して行う命令が**メソッド**です。

メソッドには引数のあるものと、ないものがあります。「フォームを開く」というメソッドでは「どのフォームを開くのか？」「フォームビューで開くのか？デザインビューで開くのか？」などの情報が必要になります。このとき、開くフォーム名やビューを引数で指定します。

しかし「アクティブウィンドウを最大化する」というメソッドでは「どのように最大化するのか？」という情報は不要なので、このメソッドに引数はありません。VBAでメソッドを実行するには通常、次のように記述します。

【メソッドの指定】

引数のないメソッド	： オブジェクト. メソッド
引数のあるメソッド	： オブジェクト. メソッド 引数
複数の引数のあるメソッド	： オブジェクト. メソッド 引数1, 引数2, 引数3

では実際に、プロシージャを作成してみましょう。ここではボタンをクリックしたときにテキストボックスにフォーカスを移すプロシージャを作成します。

❶VBEに戻り、先ほどのコードに次のように入力を追加してください

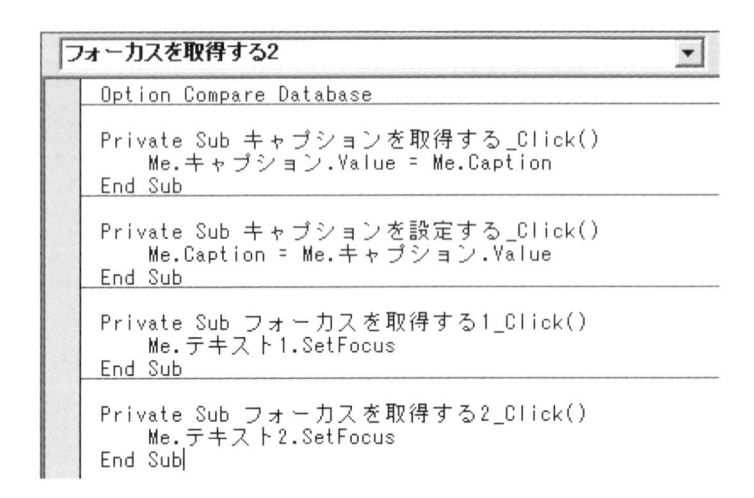

```
フォーカスを取得する2                                    ▼

    Option Compare Database

    Private Sub キャプションを取得する_Click()
        Me.キャプション.Value = Me.Caption
    End Sub

    Private Sub キャプションを設定する_Click()
        Me.Caption = Me.キャプション.Value
    End Sub

    Private Sub フォーカスを取得する1_Click()
        Me.テキスト1.SetFocus
    End Sub

    Private Sub フォーカスを取得する2_Click()
        Me.テキスト2.SetFocus
    End Sub
```

「Me.テキスト1」「Me.テキスト2」はフォーム上のテキストボックスを表します。

❷Accessの画面に戻り、[フォーカスを取得する1] ボタンをクリックすると、[テキスト1]
テキストボックスにフォーカスが移ります

❸[フォーカスを取得する2] ボタンをクリックして、[テキスト2] テキストボックスにフォー
カスが移ることを確認してください

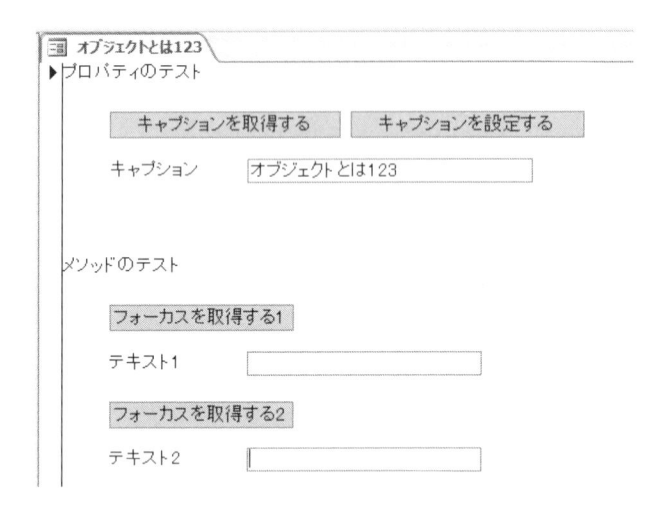

❹フォームを閉じてください。変更の保存を確認するダイアログボックスが表示されるので、[は
い] ボタンをクリックし、変更を保存してください

> **◎memo**
> メソッドの引数には、省略可能なものもあります。省略可能な引数を含めてメソッドを指定すると
> きは、「オブジェクト.メソッド 引数1,,引数3」このように記述します。この例では、「引数2」が
> 省略されています。メソッドについては、「第7章 フォーム・レポートの操作」で詳しく解説します。

1-5 演算子とは

演算子とは、**演算内容を指示するための記号**を指します。演算子を使って数値を計算したり、文字列を結合したり、値を代入したりすることができます。

算術演算子

算術演算子は、数値を計算するために用いる演算子です。算術演算子の種類には次のものがあります。

演算子	意味
+	2つの数値の加算の結果を返す
−	2つの数値の減算の結果を返す
*	2つの数値の乗算の結果を返す
/	2つの数値の除算の結果を返す
Mod	2つの数値の除算の剰余を返す
¥	2つの数値の除算の結果を整数で返す
^	2つの数値のべき乗の結果を返す

memo
−演算子を2つの数値の間に用いたときは、引き算を行いますが、単独で数値や変数の前に用いたときは、マイナス符号として機能します。

比較演算子

比較演算子は、数値や文字列などを比較するために用いる演算子です。比較演算子の種類には次のものがあります。

演算子	意味
=	左辺と右辺が等しいときに真を返す
<	左辺が右辺より小さいときに真を返す
<=	左辺が右辺以下のときに真を返す
>	左辺が右辺より大きいときに真を返す
>=	左辺が右辺以上のときに真を返す
<>	左辺と右辺が等しくないときに真を返す
Is	左辺と右辺のオブジェクトの参照を比較する
Like	文字パターンによる文字列の比較をする

Like演算子は、文字パターンによる文字列の比較を行います。文字パターンには次のものがあります。

文字パターン	意味
?	任意の1文字
*	任意の数の文字
#	任意の1文字の数字
［文字リスト］	文字リスト内の任意の1文字
［! 文字リスト］	文字リスト内以外の任意の1文字

文字列連結演算子

文字列連結演算子は、文字列の連結をするために用いる演算子です。文字列連結演算子には次のものがあります。

演算子	意味
&	左辺と右辺の文字列を結合する
+	左辺と右辺の文字列を結合する

＋演算子は、数値を加算する働きもあるので、文字列の内容によっては**予期しない結果を返す**ことがあります。文字列を結合するときには＆演算子を使い、＋演算子を使わないようにしましょう。

論理演算子

論理演算子は、複数の式の真偽を求めるために用いる演算子です。主に条件式で、複数の条件を論理演算子で連結し、全体の真偽の評価を行います。論理演算子には次のものがあります。

演算子	意味
And	論理積
Or	論理和
Not	論理否定
Xor	排他的論理和
Eqv	論理等価
Imp	論理包含

「式1　論理演算子　式2」における各演算子による演算結果は次の通りです。

式1	式2	And	Or	Xor	Eqv	Imp
True	True	True	True	False	True	True
True	False	False	True	True	False	False
False	True	False	True	True	False	True
False	False	False	False	False	True	True

代入演算子

代入演算子は、右辺の値を左辺の変数やプロパティに代入するために用いる演算子です。比較演算子の＝演算子と同じ記号を用いますが、意味が異なるので注意が必要です。＝演算子が、条件式の中で用いられている場合は比較演算子、それ以外の式で用いられている場合は代入演算子になります。

演算子	意味
=	右辺を左辺に代入する

演算子の優先順位

演算は左から右の順に計算されますが、演算を「()（括弧）」でくくった場合は、「()」内の演算が優先されます。ひとつの式の中で複数の演算子を用いる場合、演算子の優先順位に従って計算されます。複数の演算子を組み合わせた式では、優先順位を意識しないと**予期しない結果を返す**ことがあるので注意してください。

【演算の優先順位】

優先順位	演算子の種類
高い	「( )」内の式
↑	算術演算子
	連結演算子
↓	比較演算子
低い	論理演算子

【同じ種類の演算子における優先順位】

優先順位	算術演算子	比較演算子	論理演算子
高い	^	=	Not
↑	マイナス符号	<>	And
	*、/	<	Or
	¥	>	Xor
↓	Mod	<=	Eqv
低い	+、−	>=	Imp

では、実際にプロシージャを作成してみましょう。

❶VBEのプロジェクトエクスプローラより、［標準モジュール］下の［演算子とは］をダブルク
　リックします

❷コードウィンドウに、次のように入力してください

```
(General)                                              ▼

     Option Compare Database

     Sub test()
          MsgBox 10 / 4
          MsgBox 10 ¥ 4
          MsgBox 10 = 4
          MsgBox 10 > 4
          MsgBox "ABC" Like "AB*"
          MsgBox "A" Like "[B-E]"
          MsgBox "abcde" & "FGHIJ"
          MsgBox 1 = 1 And 10 > 4
          MsgBox 1 = 1 Or 10 < 4
          MsgBox (1 + 2) * 3 - 4 Mod 3
     End Sub
```

❸「test」プロシージャ内にカーソルがある状態で、 F5 キーを押します

❹Accessの画面に戻り、メッセージボックスが表示されます

表示される内容は順に、「2.5」、「2」、「False」、「True」、「True」、「False」、「abcdeFGHIJ」、「True」、
「True」、「8」になります。
「10/4」では、除算の結果をそのまま返すので「2.5」が返ります。それに対し「10¥4」では、
除算の結果を整数で返すので「2」が返ります。
「10=4」では、10は4ではないので「False（偽）」が返ります。「10>4」では、10は4より
大きいので「True（真）」が返ります。
「"ABC"Like"AB＊"」では、"ABC"は"ABと任意の数の文字"に一致するので「True」が返り
ます。
「"A"Like"[B-E]"」では、"A"は"文字リストBからE"の中に含まれないので「False」が返
ります。
「"abcde"&"FGHIJ"」では、文字列"abcde"と"FGHIJ"を連結するので「abcdeFGHIJ」が返り
ます。
「1=1And10>4」では、式の両辺が真です。And演算子は式の両辺が真の場合のみ真を返すため、
全体の評価として「True」が返ります。
「1=1Or10<4」では、式の左辺が真で右辺が偽です。Or演算子は式の両辺のどちらかが真のと
き真を返すため、全体の評価として「True」が返ります。
「(1+2)＊3-4Mod3」では、演算の優先順位に従って演算が行われます。「(1+2)＊3」の部分
が先に演算され「9」になります。「4Mod3」の部分が次に演算され「1」になります。最後に「9-1」
の演算が行われ「8」が返ります。

1-6 行継続文字とコメント

プロシージャは、**ステートメント、コメント、キーワード**によって構成されています。ステートメントとはプロシージャ内の1行を指し、1行がひとつの「命令文」になります。つまり、1ステートメントは1行で記述され、プロシージャの上から下へと1行ずつ順番に実行されていきます。

このステートメントが長くなると、コードが見にくくなってしまいます。長いステートメントは、行継続文字を用いて複数行に分割することで、より見やすくすることができます。

また、プロシージャ内に説明文を入れたいとき、コメントを用いることで説明文を記述したり、ステートメントを一時的に実行させないようにすることができます。

> **◆memo**
>
> ここでは、「命令文」としてのステートメントを解説しましたが、これ以外にも「キーワード」としてのステートメントがあります。たとえば「Exitステートメント」は、処理を途中で終了するキーワードです。このように、ステートメントには2種類あるので注意してください。キーワードとしてのステートメントは、「第4章 ステートメント」で詳しく解説します。

行継続文字の利用

行継続文字は、改行したい位置で**「半角スペース」+「_（半角アンダーバー）」**の2文字を入力します。行継続文字を入力したあと、改行して2行にしても、1行としてみなされます。行継続文字を複数挿入し、3行以上の複数行にすることもできます。ただし、キーワードのような単語の途中や、文字列の途中に、行継続文字を挿入することはできないので注意してください。

では、実際にプロシージャを作成してみましょう。

❶VBEのプロジェクトエクスプローラより、[標準モジュール]下の[行継続文字とコメント]をダブルクリックします

❷コードウィンドウに、次のように入力してください

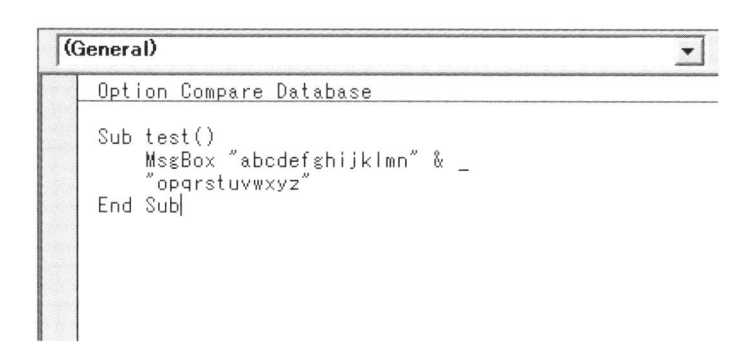

❸「test」プロシージャ内にカーソルがある状態で、F5 キーを押します

❹Accessの画面に戻り、メッセージボックスが表示されます。
行継続文字を利用して2行にしていますが、1行としてみなされるため、表示される内容は、「abcdefghijklmnopqrstuvwxyz」になります

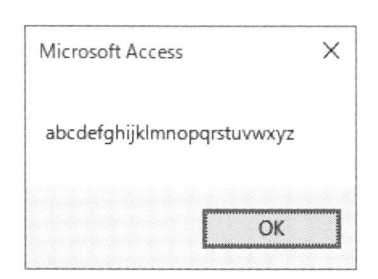

> ○memo
>
> キーワードとは、「Sub」や「End」のように、VBAにとって特別な意味を持つ文字列や記号を指します。キーワードには、ステートメント名、関数名、演算子などがあります。一部のキーワードは、コードの中で青色で表示されます。なお、キーワードと同じ文字列を**プロシージャ名**や**変数名**に用いることはできません。

コメントの書き方

コメントとは、ステートメントの先頭に「'（シングルクォーテーション）」または「Remステートメント」が入力されている行を指します。コメントの部分は緑色で表示され、マクロ実行時に無視されます。また行の途中に「'」を記述すると、それ以降、行末までの文字列はコメントになります。

コメントは、プロシージャに説明文を入れたいときや、コードの一部を一時的に実行させないようにするときなどに用います。特に、複数のメンバーで開発を行うときや、他の人に開発を引き継ぐとき、コメントによる「説明」がないとコードの解析に多くの時間がかかります。また、プログラムを作成した本人も、時間の経過とともにプログラムの内容を忘れていきます。コメントは、このようなケースで「覚書」としても利用できます。

では、実際にプロシージャを作成してみましょう。

❶先ほどのコードの続きに、次のように入力してください

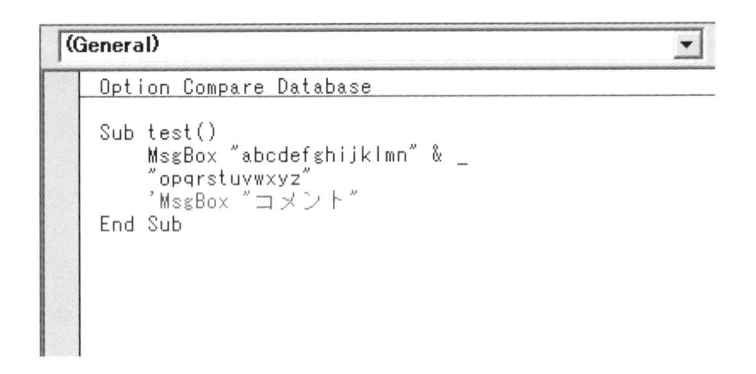

```
(General)

    Option Compare Database

Sub test()
    MsgBox "abcdefghijklmn" & _
    "opqrstuvwxyz"
    'MsgBox "コメント"
End Sub
```

❷ F5 キーを押して実行します

メッセージボックスは1回だけ表示されます。「'」から始まる「'MsgBox"コメント"」のステートメントが、コメントとみなされ実行されなかったからです。

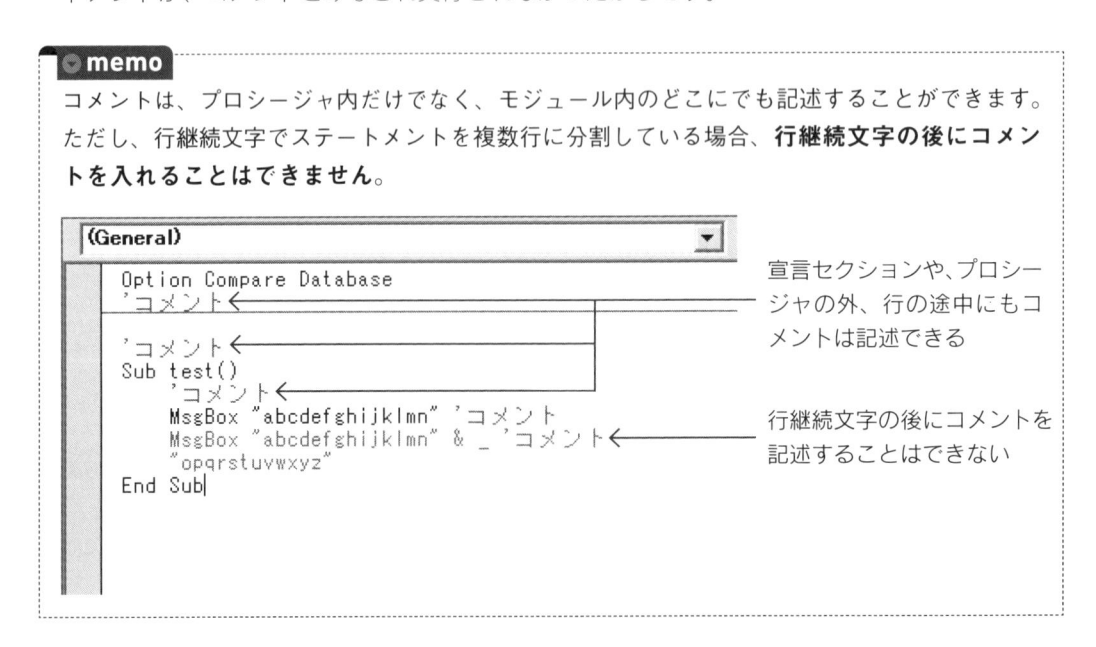

memo

コメントは、プロシージャ内だけでなく、モジュール内のどこにでも記述することができます。ただし、行継続文字でステートメントを複数行に分割している場合、**行継続文字の後にコメントを入れることはできません。**

```
(General)

    Option Compare Database
    'コメント ←

    'コメント ←
Sub test()
    'コメント ←
    MsgBox "abcdefghijklmn" 'コメント
    MsgBox "abcdefghijklmn" & _ 'コメント ←
    "opqrstuvwxyz"
End Sub
```

宣言セクションや、プロシージャの外、行の途中にもコメントは記述できる

行継続文字の後にコメントを記述することはできない

⊕memo

複数行をコメント行として設定するには、VBEの［編集］ツールバーの［コメントブロック］ボタンを使うと便利です。コメント行にしたい複数行を選択して、［コメントブロック］ボタンをクリックします。

コメント行を解除するには、解除したい行を選択して［編集］ツールバーの［非コメントブロック］ボタンをクリックします。

［コメントブロック］ボタン ── └ ［非コメントブロック］ボタン

1-7 参照設定とは

Access VBAでは、VBAにない機能を**外から借りてきて利用する**ことができます。この設定を**参照設定**と呼びます。参照設定では、外部オブジェクトを保存しているライブラリファイルをあらかじめ読み込んでおき、VBAで利用できるように設定することができます。

たとえば、「FileSystemObject」という機能は、「Microsoft Scripting Runtime」という外部ライブラリの中に、オブジェクトやプロパティ、メソッドが収録されています。[参照設定]ダイアログボックスで「Microsoft Scripting Runtime」への参照を設定すると外部オブジェクトである「FileSystemObject」オブジェクトを利用できるようになります。

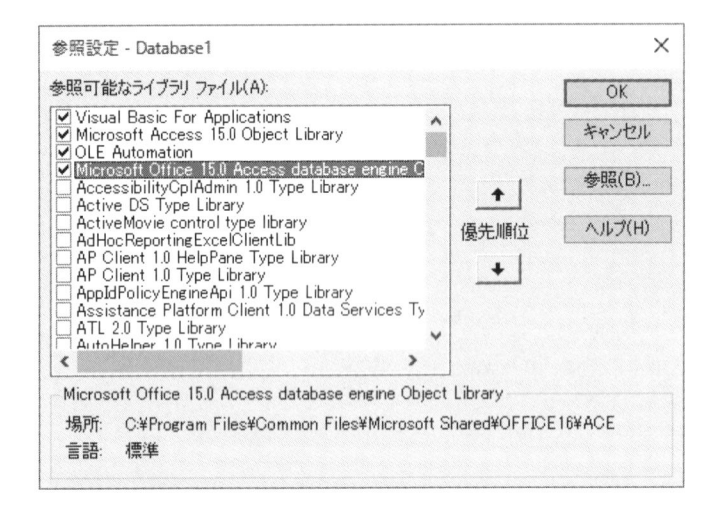

これで第1章の実習を終了します。実習ファイル「B01.accdb」を閉じ、Accessを終了します。
[オブジェクトの保存] ダイアログボックスが表示されるので [はい] ボタンをクリックし、オ
ブジェクトの変更を保存します。

2

データベースの基礎知識

この章では、Accessの画面構成やデータベースオブジェクトなど、Accessで開発を行う上で必要なデータベースの知識について解説します。

2-1 Accessの画面構成

Access 2016の画面構成は次の通りです。

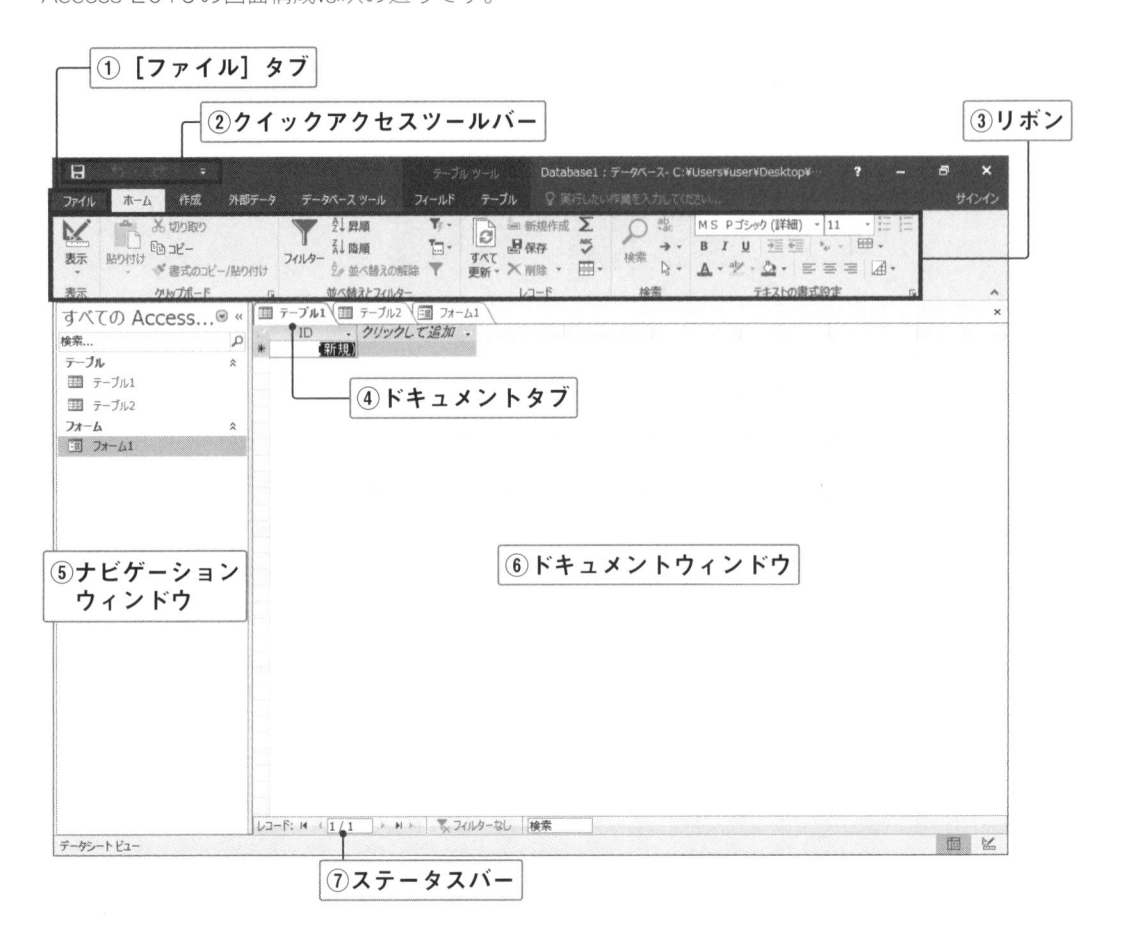

① [ファイル] タブ
②クイックアクセスツールバー
③リボン
④ドキュメントタブ
⑤ナビゲーション ウィンドウ
⑥ドキュメントウィンドウ
⑦ステータスバー

画面構成について説明します。

① [ファイル] タブ
Accessやデータベースを操作するコマンドがメニュー形式でまとめられています。

②クイックアクセスツールバー
ここには、頻繁に使われるコマンドを常に表示します。ユーザーがカスタマイズしてコマンドを追加することもできます。

③リボン

Accessやデータベースを操作するときによく使用する機能やコマンドがまとめられています。リボンは、選択したオブジェクトに対し最適な機能やコマンドが表示されるようになっています。また、表示／非表示を選択することもできます。

④ドキュメントタブ

ドキュメントタブでアクティブなドキュメントウィンドウを切り替えながら、作業を行うことができます。

⑤ナビゲーションウィンドウ

データベースオブジェクトを、様々な形式で一覧表示します。また、オブジェクトを開いたり、コピーや貼り付け、削除などの操作ができます。

⑥ドキュメントウィンドウ

現在開いている、データベースオブジェクトの内容を表示します。

⑦ステータスバー

マウスポインタが指しているコマンドの説明や、実行状況などを表示します。

Access 2016では複数のドキュメントウィンドウを開いて、作業することができます。
[ファイル] タブから [オプション] ボタンをクリックし、[現在のデータベース] をクリック
します。[ドキュメント ウィンドウ オプション] の項目で [ウィンドウを重ねて表示する] オ
プションボタンを選択し、[OK] ボタンをクリックします。

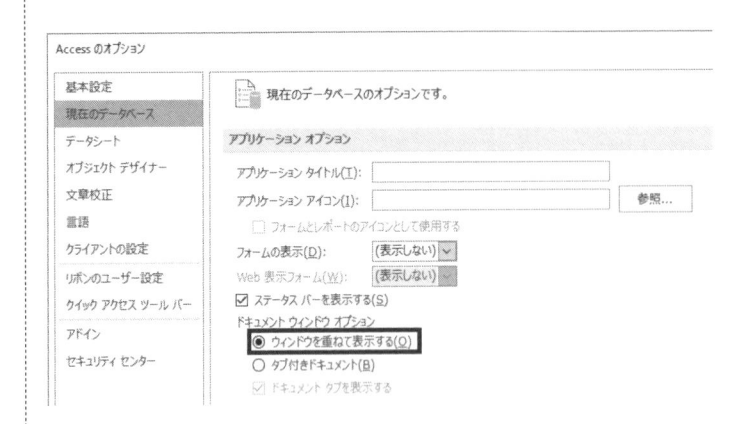

「指定したオプションを有効にするには、現在のデータベースを閉じて再度開く必要がありま
す。」とメッセージが表示されるので [OK] ボタンをクリックし、データベースを閉じます。
再度、データベースを開くとタブではなく、ウィンドウで表示されるようになります。なお、
このオプションは現在開いているデータベースに対してのみ有効です。

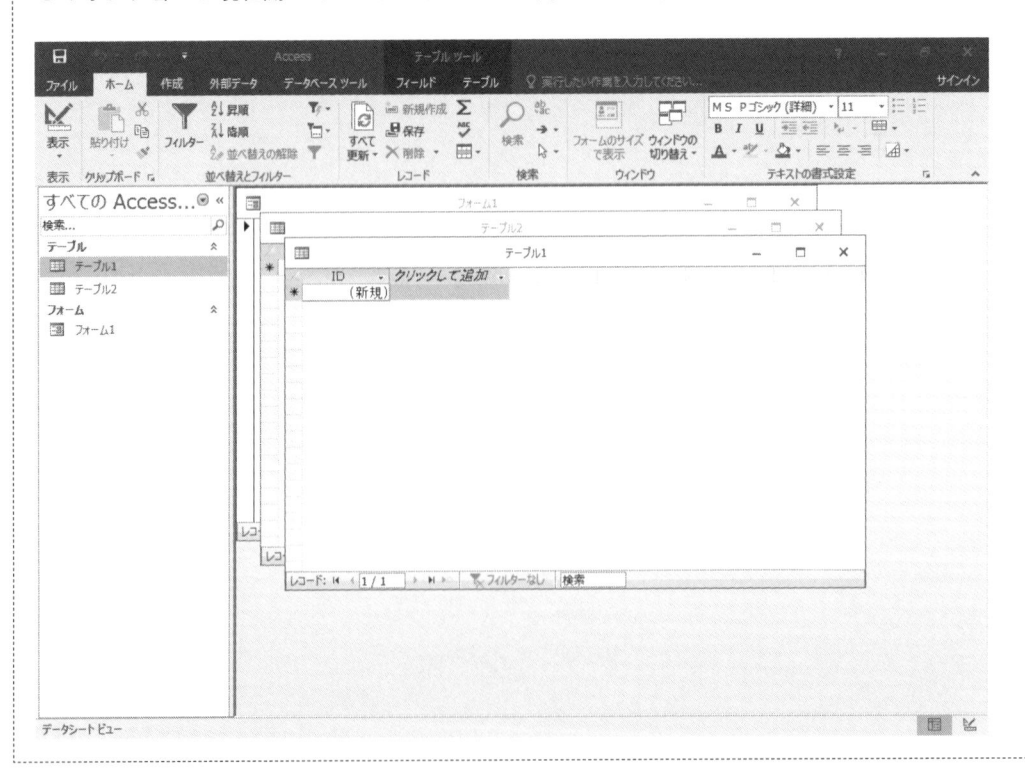

2-2 データベースオブジェクト

Accessには、テーブルやクエリ、フォームやレポート、マクロやモジュールなどの機能が搭載されています。これらの機能により作成された個々のテーブルやフォームは、すべてオブジェクトとして管理されます。**データベースオブジェクト**とは、これらデータベースを構成する個々のオブジェクト（要素）を指します。つまり、Accessにおけるデータベースファイルは、ひとつまたは複数のデータベースオブジェクトの組み合わせにより構成されています。

Accessを構成する主なデータベースオブジェクトは次の通りです。

オブジェクト名	機能
テーブル	データを保存するための入れ物となるオブジェクト
クエリ	データを取り出し、並べ替えや集計などの操作をするためのオブジェクト
フォーム	データを画面表示し、修正や追加・削除などの操作をするためのオブジェクト
レポート	データを分析・集計し、レイアウトして印刷するためのオブジェクト
モジュール	VBA で作成された、宣言やプロシージャを格納するためのオブジェクト

> **◎memo**
> Accessのデータベースファイルの保存は、他のアプリケーションにおけるデータの保存と異なります。
> 一般的なアプリケーションにおけるデータの保存とは、現在作成中の文書や表をファイルに保存するという意味になりますが、Accessではデータベースに格納されるデータは、入力されると同時にデータベースファイルに保存されます。そのためテーブルにデータを入力し、保存することなくデータベースを閉じたとしても、追加されたデータは消えずに保存されています。
> Accessにおける保存とは、クエリやフォームなどデータベースオブジェクトのデザインに変更が加えられたとき、その変更を保存するという意味になります。

テーブル

テーブルとは、データを保存するためのデータベースオブジェクトです。テーブルは、データを入力する項目である**フィールド**と入力されたデータ1件分にあたる**レコード**で構成されています。新規作成したテーブルには、フィールドが定義されていないためデータを格納することができません。フィールドの定義は、「デザインビュー」で行います。

フィールドを定義したテーブルには、データを入力することができます。データの入力は、「データシートビュー」で行います。データシートビューはExcelの表によく似た画面で、データの表示・入力・編集などを行うことができます。

テーブル

社員番号	社員名	住所	年齢	部署
1001	安藤昭雄	愛知県〇〇市〇〇町	35	営業部
1002	伊藤一郎	岐阜県△△市△△町	40	営業部
1003	宇野馬之介	三重県□□□郡□□町	22	営業部
1004	江口恵美子	愛知県〇〇郡〇〇〇町	32	資材部
1005	尾崎おさむ	愛知県△△△郡△村	25	資材部

レコード　　　　　　　　　　　　　　　　　　　　　　　フィールド

● データ型

フィールドには、格納するデータに合わせてデータ型を定義します。テーブルでは、主に次の種類のデータ型を使用します。

データ型	内容
短いテキスト型	最大255文字までの文字列を格納する
長いテキスト型	約1GBまでのテキストを格納する
数値型	計算可能な数値を格納する
日付／時刻型	日付や時刻のデータを格納する
通貨型	整数部分15桁、小数部分4桁までの精度を保証する数値を格納する
Yes／No型	True／Falseなど2つの値のうちひとつを格納する
OLEオブジェクト型	埋め込みオブジェクトを格納する
ハイパーリンク型	ハイパーリンクアドレスを格納する
添付ファイル型	ひとつまたは複数の添付ファイルを格納する

このうち、よく使用されるデータ型は、短いテキスト型、数値型、日付／時刻型、通貨型、Yes／No型、です。これらのデータ型はデータサイズが小さいため、比較や検索、並べ替えなどの処理を効率よく行うことができます。

> **⊙memo**
> Accessにはオートナンバー型と呼ばれる、それぞれのレコードに対して番号を順番に割り振る
> データ型があります。オートナンバー型フィールドの値は、常に**一意の整数**になるため、レコ
> ードを削除した場合、その番号は欠番になります。また、オートナンバー型フィールドを、ひ
> とつのテーブルに複数作成することはできません。

● 主キー

主キーとは、レコードを一意に識別するために設定されたひとつまたは複数のフィールドです。
主キーとして設定するフィールドは、次の条件を満たしている必要があります。

- ・Null値が含まれていない（必ず値を持つ）
- ・他のレコードと値が重複しない

これは逆にいえば、主キーに設定されたフィールドには必ず値を入力しなければならず、また他
のレコードと重複する値は入力できない、ということになります。

> **⊙memo**
> **Null値**とは、「値が認識できない状態」を表す値です。「""（空の文字列）」や数値の「0」とは
> 異なります。空の文字列や数値の「0」は、それ自体が明確な値です。しかし、Null値は**何の値**
> **なのか分からない**（値が認識できない）ことを表す値なので、Null値自体は明確な値を持って
> いません。Null値は、ひとつまたは複数のフィールドが未入力の状態で、そのレコードを保存
> してしまうことで発生します。

―― ［社員番号］のフィールドがあれば、それが主キーとなり同姓同名でも区別できる

社員番号	社員名	住所	年齢	部署
1004	江口恵美子	愛知県〇〇郡〇〇〇町	32	資材部
1005	尾崎おさむ	愛知県△△△郡△村	25	資材部
1006	尾崎おさむ	静岡県□□市□□町	50	購買部
1007	加藤勝也	岐阜県△△市△△町	21	購買部

社員名	住所	年齢	部署
江口恵美子	愛知県〇〇郡〇〇〇町	32	資材部
尾崎おさむ	愛知県△△△郡△村	25	資材部
尾崎おさむ	静岡県□□市□□町	50	購買部
加藤勝也↑	岐阜県△△市△△町↑	21	購買部

社員番号のフィールドがなければ社員名と住所のフィールドなどを主キーとして区別しなければならない

※ 同姓同名で同じ住所の社員がいた場合は、さらに主キーとなるフィールドを追加する必要がある

複数のフィールドを組み合わせて設定する主キーを**連結主キー**と呼びます。また、主キーの設定は必須ではありませんが、**レコードを効率的に管理する**ために設定することを推奨します。

 **重要！** 長いテキスト型、OLEオブジェクト型、添付ファイル型のフィールドに主キーを設定することはできません。

● インデックス

インデックスとは、膨大なデータから特定のレコードを高速に検索するために、フィールドに設定する索引です。主キーとして設定されたフィールドには、自動的にインデックスが作成されますが、その他のフィールドにはインデックスが作成されないため、手動で設定する必要があります。インデックスには次の特徴があります。

・インデックスが設定されたフィールドを並べ替え・検索するとき、処理時間が大幅に短縮される
・インデックスを固有（重複なし）に設定することで、他のレコードと値が重複しないようにすることができる

インデックスは主キーと同様に、複数のフィールドに対しても設定することができます。またインデックスは、［インデックス］ダイアログボックスから、詳細なプロパティを設定することもできます。

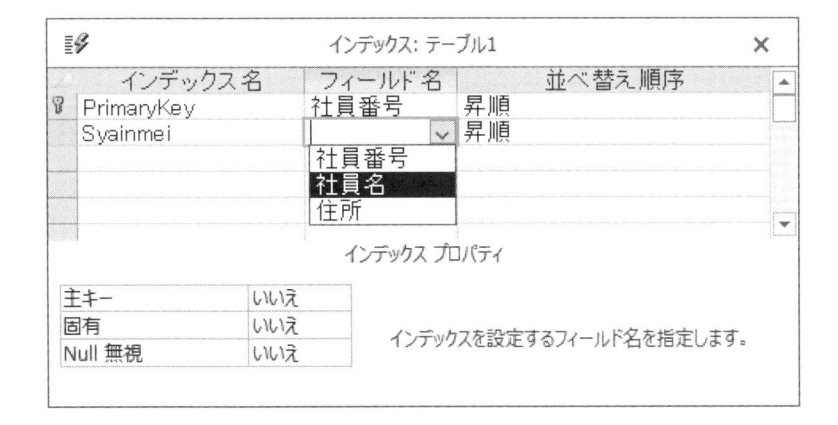

> **◎memo**
>
> ［インデックスプロパティ］の［Null 無視］を［はい］に設定すると、インデックスフィールド
> にNull値があるレコードはインデックスに含まれなくなります。

重要！ インデックス情報はテーブルとは別の場所に保管・管理されます。インデックスを作成
すると、検索効率は上がりますが、インデックス情報の更新という別の処理が発生し、
データベースファイルのサイズも肥大化します。テーブルにいくつもインデックスを作
成すると、かえってデータベース全体の**処理効率が落ちる**こともあるので注意が必要
です。

● 適切なテーブルの分割と正規化

Accessは**リレーショナルデータベース**と呼ばれる方式で、データの管理を行うデータベース
ソフトです。リレーショナルデータベースは、データを複数のテーブルに分けて管理することで
効率的にデータを管理します。

正規化とは、テーブルの繰り返し項目を複数のテーブルに分割し、できるだけ単純にテーブル
を管理することを目的とした手法です。正規化には次のメリットがあります。

- ・繰り返し項目を削除するため、データベースのサイズが小さくなる
- ・テーブルを分離するため、各テーブルの目的が明確になる
- ・データ更新など、データ管理が容易になる

正規化には一般的に、「第1正規化」から「第3正規化」までの3つの段階があります。正規化
は次の手順で行います。

非正規形 繰り返し項目を含むテーブル	

第1正規化 繰り返し項目をなくす

第1正規形 主キーの一部によって決まる項目を含むテーブル

第2正規化 主キーの一部によって決まる項目を他テーブルに分離する

第2正規形 主キー以外の項目によって決まる項目を含むテーブル

第3正規化 主キー以外の項目によって決まる項目を他テーブルに分離し、導出フィールドを削除する

第3正規形 第3正規化されたテーブル

それでは実際の正規化の流れを、簡単な例で解説します。

◉第1正規化

非正規形のテーブルの繰り返し項目をなくします。

[販売履歴] テーブルで、[販売先] フィールドに入力される販売先が複数ある場合を考えてみます。

非正規形テーブル

販売日	商品番号	商品名	商品区分	販売先	商品単価	販売数	販売金額
2018/12/1	S001	ラベルAタイプ	1	A商店	800	1	800
2018/12/1	S002	ラベルBタイプ	1	A商店	600	5	3000
				B文具店	650	2	1300
2018/12/2	S001	ラベルAタイプ	1	A商店	800	2	1600

このように、複数の販売先をひとつのフィールドで管理することは非効率です。第1正規化では、このような項目を複数のレコードに分割します。

第1正規形テーブル

販売日	商品番号	商品名	商品区分	販売先	商品単価	販売数	販売金額
2018/12/1	S001	ラベルAタイプ	1	A商店	800	1	800
2018/12/1	S002	ラベルBタイプ	1	A商店	600	5	3000
2018/12/1	S002	ラベルBタイプ	1	B文具店	650	2	1300
2018/12/2	S001	ラベルAタイプ	1	A商店	800	2	1600

◉第2正規化

主キーの一部によって決まるフィールドを他テーブルに分離します。

[販売履歴] テーブルの主キーは、[販売日]、[商品番号]、[販売先] フィールドより設定される連結主キーです。このとき、

・[商品番号] が決まれば、[商品名]、[商品区分] が決定される

・[商品番号] と [販売先] が決まれば、[商品単価] が決定される

・[販売数] は、[販売日]、[商品番号]、[販売先] によって決定される

のように3つの関係が成立します。第2正規化ではこの関係を、それぞれ別のテーブルに分割します。

[販売履歴]テーブル

販売日	商品番号	販売先	販売数	販売金額
2018/12/1	S001	A商店	1	800
2018/12/1	S002	A商店	5	3000
2018/12/1	S002	B文具店	2	1300
2018/12/2	S001	A商店	2	1600

[商品マスタ]テーブル

商品番号	商品名	商品区分	商品区分名
S001	ラベルAタイプ	1	ラベル
S002	ラベルBタイプ	1	ラベル

[商品単価マスタ]テーブル

商品番号	販売先	商品単価
S001	A商店	800
S002	A商店	600
S002	B文具店	650

● 第3正規化

最後に主キー以外の項目で決まる項目を、他テーブルに分離します。

[商品マスタ] テーブルにある [商品区分名] フィールドは [商品区分] によって決まるため、[商品マスタ] テーブルから分離できます。

[商品マスタ]テーブル

商品番号	商品名	商品区分
S001	ラベルAタイプ	1
S002	ラベルBタイプ	1

[商品区分マスタ]テーブル

商品区分	商品区分名
1	ラベル
2	連続帳票
3	タックシール

このように、[商品マスタ] テーブルと [商品区分マスタ] テーブルに分割されました。さらに、[販売履歴] テーブルにある [販売金額] フィールドは、[商品単価] フィールドと [販売数] フィールドから計算により求めることができます。

このように計算から値を求めることができるフィールドを**導出フィールド**と呼びます。この導出フィールドを削除して、第3正規化は終了です。最終的に4つのテーブルに分割されました。

[販売履歴]テーブル

販売日	商品番号	販売先	販売数
2018/12/1	S001	A商店	1
2018/12/1	S002	A商店	5
2018/12/1	S002	B文具店	2
2018/12/2	S001	A商店	2

[商品マスタ]テーブル

商品番号	商品名	商品区分
S001	ラベルAタイプ	1
S002	ラベルBタイプ	1

[商品区分マスタ]テーブル

商品区分	商品区分名
1	ラベル
2	連続帳票
3	タックシール

[商品単価マスタ]テーブル

商品番号	販売先	商品単価
S001	A商店	800
S002	A商店	600
S002	B文具店	650

> **◆memo**
> 他テーブルの主キーと結ばれるフィールドを**外部キー**と呼びます。先ほどの [販売履歴] テーブルの [商品番号] フィールドは、[商品マスタ] テーブルの主キーである [商品番号] フィールドと結ばれるので外部キーになります。

> **◆memo**
> 複数のテーブルで共通するフィールドを関連付けることを、リレーションシップと呼びます。リレーションシップについては、「Access VBA スタンダード」で詳しく解説します。

その他のデータベースオブジェクト

Accessでは他に、データベースを操作するのに便利な機能をいくつか持っています。ここでは、データベースオブジェクトの「クエリ」、「フォーム」、「レポート」について解説します。

● クエリ

クエリとは、データベースに格納されたデータを、操作するためのデータベースオブジェクトです。テーブルから特定のデータを抽出・集計したり、一括して操作したりできます。クエリには、次の種類があります。

クエリの種類	内容
選択クエリ	テーブルなどからデータを抽出する
アクションクエリ	テーブルなどのデータを変更する
SQLクエリ	ユニオンクエリ、パススルークエリなど
その他のクエリ	クロス集計クエリなど

クエリの作成は、「デザインビュー」または「SQL ビュー」を使って行います。ビューの切り替えは、リボンの［デザイン］タブ→［結果］グループ→［表示］ボタンのリストの中から選択します。クエリの実行も、同じ［結果］グループ→［実行］ボタンをクリックして行います。クエリの実行結果が表示できるクエリの場合（選択クエリなど）、データシートビューに結果が表示されます。クエリの実行結果が表示できないクエリの場合（アクションクエリなど）は、操作対象のテーブルを開いて結果を確認します。

では実際に、クエリを作成してみましょう。

❶ リボンの［作成］タブ→［クエリ］グループ→［クエリデザイン］ボタンをクリックします

❷［テーブルの表示］ダイアログボックスが表示されるので［閉じる］ボタンをクリックします

❸ リボンの［デザイン］タブ→［結果］グループ→［表示］ボタンのリストより［SQLビュー］を選択すると、ドキュメントウィンドウがSQLビューに切り替わります

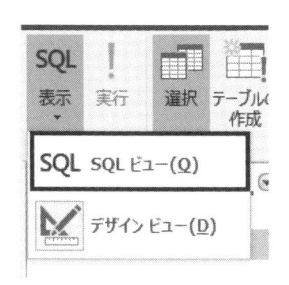

❹ ドキュメントウィンドウに、「SELECT * FROM テーブル1;」と記述します

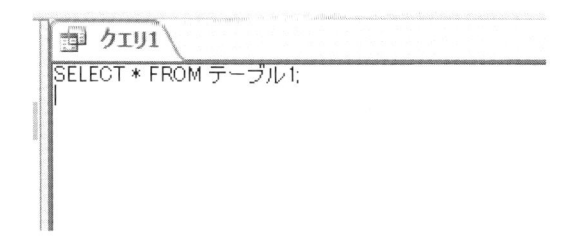

❺ リボンの［デザイン］タブ→［結果］グループ→［実行］ボタンをクリックしてクエリを実行します

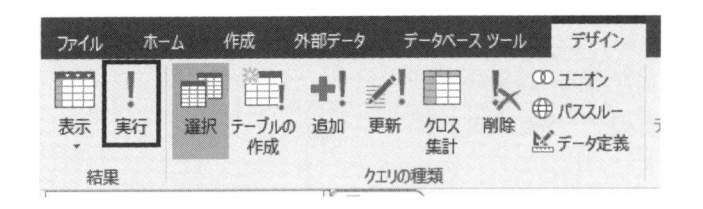

❻「テーブル1」テーブルがデータシートビューに表示されます

社員番号 ▾	社員名 ▾	住所 ▾
1001	安藤昭雄	愛知県○○市○○町
1002	伊藤一郎	岐阜県△△市△△町
1003	宇野馬之介	三重県□□□郡□□町
1004	江口恵美子	愛知県○○郡○○○町
1005	尾崎おさむ	愛知県△△△郡△村
*		

ここで、記述したのは**SQL**と呼ばれる言語です。

```
SELECT * FROM テーブル1;
```

は、**「テーブル1」テーブルのすべてのフィールドを選択しなさい**、というSQLによる命令です。このSQLが実行された結果、「テーブル1」テーブルの内容がすべて選択され、データシートビューに表示されたのです。

SQLとは、**Structured Query Language**の略で、リレーショナルデータベースを操作するための言語です。SQLについては、「第9章 SQL」で詳しく解説します。また、ユニオンクエリ、パススルークエリについては、「Access VBA スタンダード」で詳しく解説します。

> **memo**
> 「Access VBAベーシック」および「Access VBAスタンダード」では、デザインビューを使用した、一般的なクエリの操作については取り上げません。

● **フォームとレポート**

フォームとは、データの入力・参照などを効率よく行うための、インターフェイスを提供するデータベースオブジェクトです。レポートとは、データを分析・集計し、レイアウトして印刷するためのデータベースオブジェクトです。フォーム・レポートは、次の方法で作成することができます。

フォーム・レポートの作成方法	内容
デザインビューから作成する	手動でコントロールを配置・設定して作成する
オートフォーム・オートレポートから作成する	元となるテーブルやクエリから自動的に作成する
ウィザードから作成する	ウィザードから、対話形式で作成する

フォームには、フォームを設計・編集するための「デザインビュー」と、データの表示、編集を行うための「フォームビュー」があります。レポートには、レポートの作成・編集を行う「デザインビュー」と、印刷イメージを確認するための「印刷プレビュー」があります。また、フォームやレポートにはデータを表示したり、入力を受け付ける、「コントロール」というオブジェクトを配置することができます。

また、フォーム・レポートには「セクション」と呼ばれる区分があります。

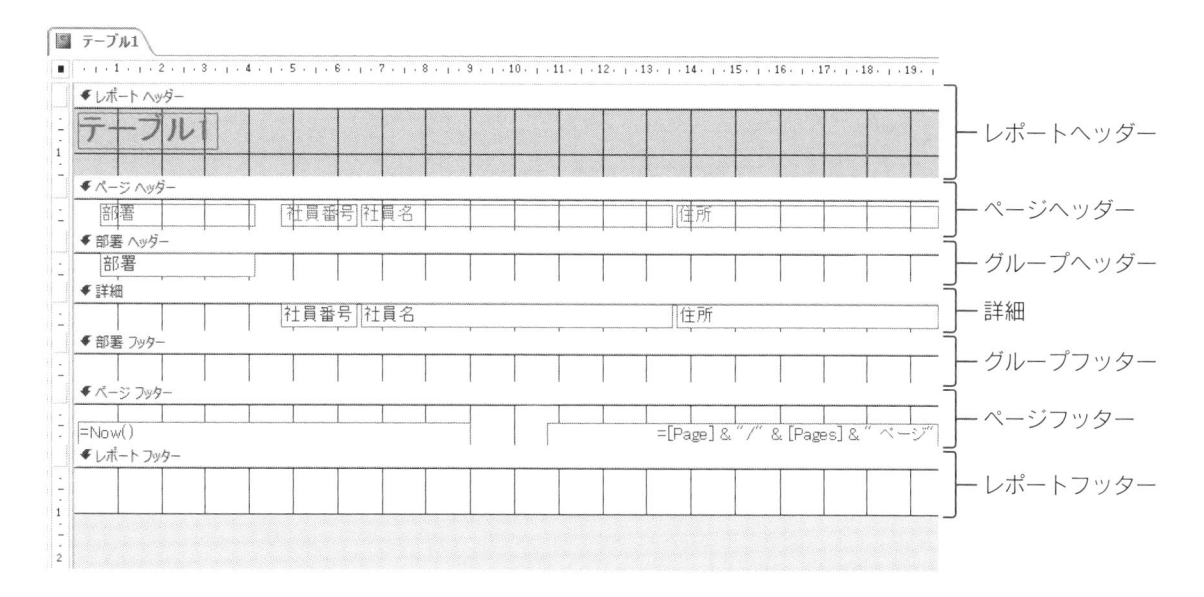

フォーム・レポートのセクションが持つ機能は、次のようになります。

セクション名	機能
フォームヘッダー・レポートヘッダ	フォーム・レポートの最初に一度だけ表示されるセクション
ページヘッダー	各ページの上部に表示されるセクション
グループヘッダー	それぞれのグループの始めに表示されるセクション（レポートのみ）
詳細	各レコードが表示されるセクション
グループフッター	それぞれのグループの終わりに表示されるセクション（レポートのみ）
ページフッター	各ページの下部に表示されるセクション
フォームフッター・レポートフッター	フォーム・レポートの最後に一度だけ表示されるセクション

セクションは特に、レポートの印刷で重要な意味を持ちます。レポートの最初に一度だけ印刷したい内容はレポートヘッダーに、各ページの先頭に印刷したい内容はページヘッダーに配置します。

フォームやレポート、コントロールについては、「第7章 フォーム・レポートの操作」で詳しく解説します。

> **重要**
>
> データベースオブジェクトの名前には次の制限があります。名前を付ける際には注意が必要です。
>
> ・名前に使用する文字数は64文字以内
> ・半角の「!（感嘆符）」、「.（ピリオド）」、「`（アクサングラーブ）」、「[ ]（角カッコ）」は使用できない
> ・名前の先頭にスペースは使用できない
>
> これらの命名規則は、データベースオブジェクトだけではなく、フィールド名やコントロール名にも適用されます。またオブジェクトの名前が、Accessが使用するプロパティやその他の要素と重複していると、データベースが**予期しない動作を起こす**場合があるので注意してください。

これで第2章の実習を終了します。実習ファイル「B02.accdb」を閉じ、Accessを終了します。［オブジェクトの保存］ダイアログボックスが表示されるので［はい］ボタンをクリックし、オブジェクトの変更を保存します。

3

変数・定数・配列

この章では、変数や定数、配列について解説します。プログラムに複雑な処理をさせるためには、変数や定数、配列に関する知識が不可欠です。

3-1 変数

あなたが電話をしている途中で、会話の相手がある得意先の電話番号を告げたとします。あなたはどうしますか?おそらくメモをとると思います。あなたがその電話番号を他人に伝えたいとき、そのメモを見ながら番号を伝えるでしょう。そして必要がなくなれば、そのメモを廃棄するはずです。

変数とはプログラムの中で、まさにこの「メモ」のような働きをします。さらにこのメモは、いくつも作ることができ、自由に名前を付けられ、中に何を書くのかまで決めることができます。

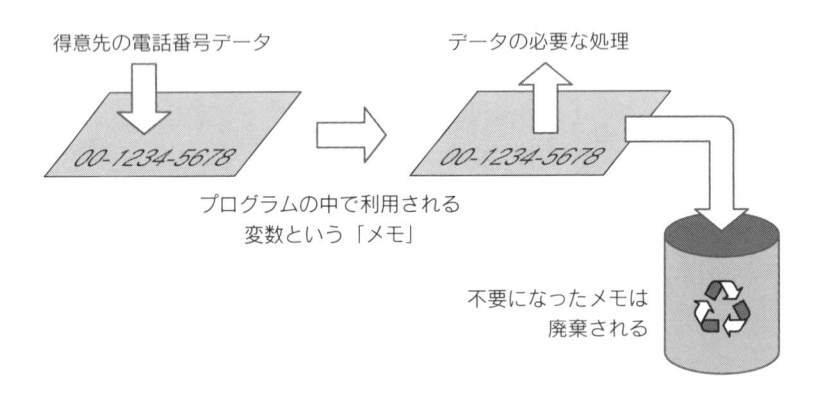

変数とは

変数とは、プログラムの実行中に変化する値を一時的に格納しておく**メモリ上の領域**です。代入演算子で値を代入することができ、格納された値は新しい値を代入すると変化します。変数には固有の名前を付けることができ、プログラムの中で利用することができます。
変数には自由に名前を付けられますが、次の命名規則による制限があります。

● 変数の命名規則
- 英数字、漢字、ひらがな、カタカナ、「_(アンダーバー)」は、使用できる
- 先頭の文字に数字や記号は使用できない
- スペースや「.(ピリオド)」、「!(感嘆符)」などの記号、型宣言文字は使用できない
- 半角で255文字を超える名前を付けることはできない
- 予約語(ステートメント、関数、キーワードなど)と同じ名前を付けることはできない
- 同じプロシージャ内で重複した名前は使用できない

変数名はできるだけ、分かりやすい名前を付けることを推奨します。たとえば、小計金額、合計金額を格納する変数を、「GokeiKingaku1」「GokeiKingaku2」などにすることは推奨しません。これでは、どちらが小計金額で、どちらが合計金額なのかコードを見なければ分かりません。「SyokeiKingaku」「GokeiKingaku」のように変数名を付ければ、一目で判別できます。

> **◎memo**
>
> 変数名に日本語を使用することもできます。古いバージョンのVBAでは、変数名に日本語を使用すると不具合が発生することがありました。現在のバージョンのVBAでは、「Unicode」と呼ばれる文字形式を採用しているので、変数名に日本語を使用しても不具合が発生することはありません。

● 値の代入と取得

変数に値を代入したり、変数から値を取得したりするときは、次のように記述します。

【変数に値を代入する】

```
変数 = 代入する値
```

【変数の値を取得する】

```
オブジェクト. プロパティ = 変数
オブジェクト. メソッド 変数
代入する変数 = 変数
```

変数に値を代入することで、値を格納することができます。また格納された値は、オブジェクトのプロパティやメソッド、他の変数によって取得することができます。

では実際に、変数を作成して値の代入・取得を行ってみましょう。

❶実習ファイル「B03.accdb」を開きます

❷「Module1」モジュールをダブルクリックし、VBEを起動します

❸コードウィンドウに次のVBAコードを記述します

```
Sub Test()
    Namae = "鈴木"
    MsgBox Namae
End Sub
```

❹ F5 キーを押して実行してください。Accessの画面に戻り、「鈴木」が表示されます

このコードの中で使用している「Namae」が変数です。コードの2行目で、変数「Namae」に「鈴木」という文字列を代入しました。3行目のMsgBox関数で、変数「Namae」に格納されている値の「鈴木」を取得して表示させています。

しかしこの場合、

```
Sub Test()
    MsgBox "鈴木"
End Sub
```

このように記述しても、同じ動作をします。なぜ変数に入れる必要があるのでしょう？

❺ 先ほどのコードを、次のコードに書き換えてください

```
Sub Test()
    Namae = "鈴木"
    MsgBox Namae & "様"
    MsgBox Namae & "殿"
    MsgBox Namae & "さん"
    MsgBox Namae & "くん"
End Sub
```

このコードを実行すると、「鈴木様」「鈴木殿」「鈴木さん」「鈴木くん」の順に、メッセージが表示されます。では、「鈴木」を「佐藤」に変えるにはどうすればいいでしょう？
正解は、変数「Namae」に代入する値を「鈴木」から「佐藤」に変えればいいのです。

もし、このコードが変数を使用せずに記述されていたらどうでしょう？

```
Sub Test()
    MsgBox "鈴木様"
    MsgBox "鈴木殿"
    MsgBox "鈴木さん"
    MsgBox "鈴木くん"
End Sub
```

このコード内の、4か所の「鈴木」を「佐藤」に変える必要があります。これがコード内のもっとたくさんの場所で使用されていたら、書き換えに多くの時間がかかりますし、間違えて書き換える可能性もあります。さらに、変数「Namae」に格納される値が、「鈴木」「佐藤」「林」「山田」のように、次々と変わっていくようなケースでは、変数を使わずに対応することはできません。変数はこのように、プログラム内で変化する値に対して処理をするとき、その効果を発揮します。

> **memo**
>
> 「Test」プロシージャの変数「Namae」には、名前以外にも、数値やオブジェクトなど、いろいろなデータを代入することができます。変数名は「Namae」ですが、どのようなデータを代入するかはプログラムの作成者が、コード内で**どのようにその変数を利用するか**を考え、決める必要があります。

変数の宣言とは

変数は先ほどのように、コード内にいきなり記述することができます。これに対して、あらかじめ使用する変数を決めておく（宣言しておく）ことができます。「変数の宣言」とは、どのような変数をコード内で使用するかを、あらかじめ設定しておくことをいいます。

● 変数を宣言する

変数の宣言には、**Dim ステートメント**を使用します。変数の宣言をする場所は、その変数を使用するプロシージャの先頭になります。変数の宣言は1行で、ひとつまたは複数の変数を宣言することができます。

では実際に、変数を宣言してみましょう。

❶実習ファイル「B03.accdb」に標準モジュールを追加します

❷追加された「Module2」モジュールに次のコードを記述してください

```
Sub Test()
    Dim Namae
    Dim Atena
    Namae = "鈴木"
    Atena = Namae & "様"
    MsgBox Atena
End Sub
```

このコードを実行すると、「鈴木様」とメッセージが表示されます。コードの2行目と3行目で、変数「Namae」と変数「Atena」の宣言を行っています。このコードは、次のように記述しても同様の動作をします。

```
Sub Test()
    Dim Namae, Atena
    Namae = "鈴木"
    Atena = Namae & "様"
    MsgBox Atena
End Sub
```

この場合、2つの変数「Namae」と「Atena」の宣言を、1行で行っています。

1行で複数の変数を宣言するときは、記述の仕方に注意する必要があります。詳細は、本章の「データ型とは」にて解説します。

> **◉memo**
> 変数の宣言はプロシージャ内だけではなく、モジュールの宣言セクションでも行うことができます。変数は宣言した場所により、「適用範囲」と呼ばれる変数の有効範囲が変わります。変数の適用範囲については、「Access VBA スタンダード」にて詳しく解説します。

◉ 変数の宣言を強制する

変数の宣言は任意なので、宣言を行っても行わなくてもプログラムは正常に動作します。しかし、複雑なプログラムを開発する際には、できるだけ変数の宣言を行って開発することを推奨します。その理由は、宣言なしに作成されるたくさんの変数を、プログラム内で管理していくことは開発者にとって大きな負担になるからです。

VBAでは、**宣言していない変数は使えないように、変数の宣言を強制する**ことができます。変数の宣言が強制されていないと、仮に変数名の記述を間違えたとしても、間違った名前の変数がその場で作られてしまい、エラーにはなりません。これによりプログラムが、意図しない動作を行う可能性があります。この場合、エラーの原因を特定するには、大変な労力が必要になります。ですので、面倒でも変数は必ず宣言して使用することが、結果的に**プログラム開発の大きな省力化**につながるといえます。

変数の宣言を強制するには、宣言セクションに**Option Explicit ステートメント**を記述します。これにより、宣言していない変数をプロシージャで使用した場合、エラーとして検知できるようになります。

では実際に、変数の宣言を強制した場合と強制しない場合での、プログラムの動作の違いについて見てみましょう。

❶先ほどの、「Test」プロシージャを次のように書き換えます

```
Sub Test()
    Dim Namae
    Dim Atena
    Namae = "鈴木"                          ―――― この部分をわざと間違えて記述する
    Atenaa = Namae & "様"
    MsgBox Atena
End Sub
```

❷5行目の変数「Atena」をわざと間違えて「Atenaa」と書き換えてください

❸「Test」プロシージャを実行すると、空のメッセージが表示されます

なぜ、空のメッセージが表示されたのでしょう？

6行目でMsgBox関数が表示するのは、あくまで変数「Atena」です。しかし実際には、5行目で「Atenaa」という新しい変数が作成され、そこに値が代入されたため、変数「Atena」には値が何も代入されていません。そのため、MsgBox関数は空の値である変数「Atena」を、空のメッセージとして表示したのです。

では次に、Option Explicit ステートメントを使って変数の宣言を強制してみましょう。

❹この「Module2」モジュールの宣言セクションに次の記述を追加します

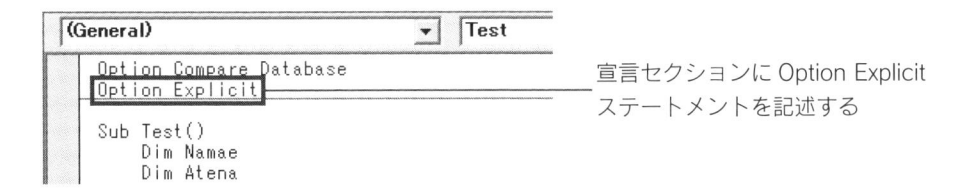

宣言セクションに Option Explicit
ステートメントを記述する

❺「Test」プロシージャを実行すると、次のメッセージが表示され、「Atenaa」の部分が反転表示されます

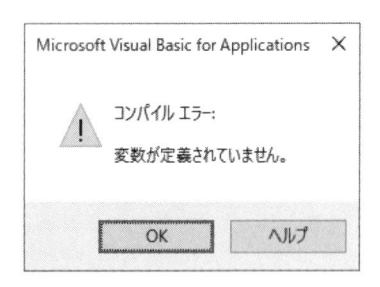

❻ メッセージの［OK］ボタンをクリックすると［中断］モードになるので、VBEの［標準］ツー
ルバーの［リセット］ボタンをクリックし、コードの実行をリセットします

 ————［リセット］ボタン

今回はなぜ、空のメッセージが表示されなかったのでしょう？

それは、変数の宣言を Option Explicit ステートメントで強制したため、宣言されていない変数
「Atenaa」を VBE がエラーとして検知し、コードの実行を中断したからです。

❼ 変数「Atenaa」を「Atena」に修正し、再度コードを実行させてください。今度は「鈴木様」
とメッセージが表示され、正常にコードが実行されました

> ♥ memo
>
> これ以降の、「Access VBA ベーシック」および「Access VBA スタンダード」では、**必ず変数
> の宣言を強制**して、学習を進めます。Option Explicit ステートメントは、次の設定を行うことで、
> 自動的にモジュールの宣言セクションに記述されるようになります。
> VBE の［ツール］メニュー→［オプション］を実行して［オプション］ダイアログボックスを
> 開き、［編集］タブの［変数の宣言を強制する］チェックボックスをオンにします。
>
>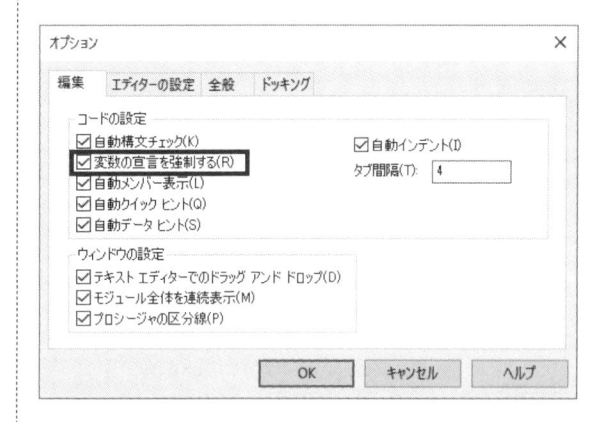
>
> これ以降にモジュールを作成すると、Option Explicit ステートメントが自動的に挿入されるよ
> うになります。なお、この設定は Access を終了しても継続されます。

データ型とは

データ型とは、変数に代入される値の種類です。データ型はDimステートメントで変数を宣言するときに、**「As」キーワード**を使って一緒に指定します。指定されたデータ型により、扱うデータや処理の内容が異なるため、正しいデータ型を指定する必要があります。たとえば数値を扱うデータ型に指定した変数には、文字列型のデータを代入することができなくなります。データ型を指定することで、変数に間違ったデータが格納されることがなくなり、エラーを防ぐことができます。変数のデータ型と格納できるデータは次の通りです。

型名	型指定文字	格納できるデータ
ブール型	Boolean	TrueまたはFalseを格納する
バイト型	Byte	0〜255までの整数を格納する
整数型	Integer	-32,768〜32,767の整数を格納する
長整数型	Long	-2,147,483,648〜2,147,483,647の整数を格納する
通貨型	Currency	-922,337,203,685,477.5808〜 922,337,203,685,477.5807の固定小数点数を格納する
単精度浮動小数点数型	Single	負の値：-3.402823E38〜-1.401298E-45、 正の値：1.401298E-45〜 3.402823E38を格納する
倍精度浮動小数点数型	Double	負の値：-1.79769313486231E308〜 　　　　-4.94065645841247E-324、 正の値：4.94065645841247E-324〜 　　　　1.79769313486232E308を格納する
日付型	Date	西暦100年1月1日00：00：00〜 西暦9999年12月31日23：59：59の日付と時刻を格納する
文字列型	String	任意の長さの文字列を格納する
オブジェクト型	Object	オブジェクトへの参照を格納する
バリアント型	Variant	あらゆる種類のデータを格納する

> **memo**
>
> データ型でよく使われるものは、ブール型、長整数型、倍精度浮動小数点数型、日付型、文字列型、です。その他のデータ型は、必要に応じて使用します。

● データ型の指定を省略すると

変数を宣言するときに、データ型の指定を省略すると、その変数はバリアント型の変数として扱われます。バリアント型の変数は、他のデータ型に比べて多くのメモリを消費します。必要があってバリアント型として指定する場合を除き、適切なデータ型を指定するようにしましょう。なお、1行で複数の変数を宣言するときには、それぞれの変数にデータ型を指定する必要があります。指定されていない変数はバリアント型として扱われるので注意が必要です。

では実際に、変数の宣言でデータ型を指定してみましょう。

❶先ほどの「Test」プロシージャを次のように書き換えます

```
Sub Test()
    Dim Namae As Long
    Dim Atena As String
    Namae = "鈴木"
    Atena = Namae & "様"
    MsgBox Atena
End Sub
```

❷このコードを実行すると、「型が一致しません。」というメッセージが表示され、コードの実
　行が中断します

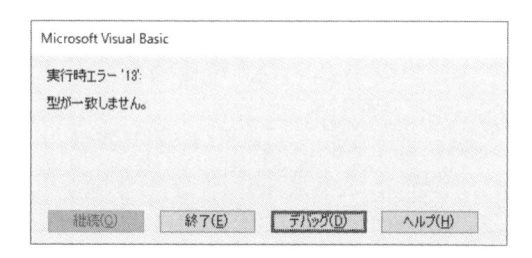

❸メッセージの［終了］ボタンをクリックし、コードの実行を終了させます

なぜエラーメッセージが表示されたのでしょう？

コードの2行目、変数の宣言部分で、Asキーワードを使用して長整数型の「Long」を指定して
います。長整数型の変数には、文字列を格納できないため、コードの4行目でエラーが発生した
のです。

❹2行目の「Long」を「String」に変更して、再度コードを実行します。今度は、「鈴木様」の
　メッセージが表示され、コードが正常に実行されました

❺さらにコードを次のように書き換えます

```
Sub Test()
    Dim Namae, Atena As String
    Namae = "鈴木"
    Atena = Namae & "様"
    MsgBox Atena
End Sub
```

コードを実行すると、エラーは発生せず、「鈴木様」のメッセージが表示されます。

しかしコードの2行目で、変数「Namae」のデータ型を指定していないため、変数「Namae」はバリアント型になっています。バリアント型はあらゆる種類のデータを格納できるため、コードの3行目で文字列が格納されてもエラーは発生しませんでしたが、プログラム内で変数「Namae」は、文字列型ではなくバリアント型として処理されています。

❻コードの2行目を、次のように修正します

```
Sub Test()
    Dim Namae As String, Atena As String
    Namae = "鈴木"
    Atena = Namae & "様"
    MsgBox Atena
End Sub
```

これで、変数「Namae」も文字列型として正しく指定されました。1行に複数の変数を宣言する場合には、このようにそれぞれの変数に対してデータ型を指定する必要があります。

3-2 定数

変数はプログラムの中で、メモの働きをすると解説しました。**定数**も、プログラムの中でメモと同じ働きをします。変数と定数の違いは、変数は鉛筆で書かれたメモで、**いくらでも書きなおしができる**のに対し、定数は印刷されたメモで、**後から書き直すことができない**という部分です。

定数とは、特定の値の代わりに使用され、プログラムの中で変化することのない「名前」になります。定数を利用することでプログラムの可読性が上がり、記述や変更が簡単になります。

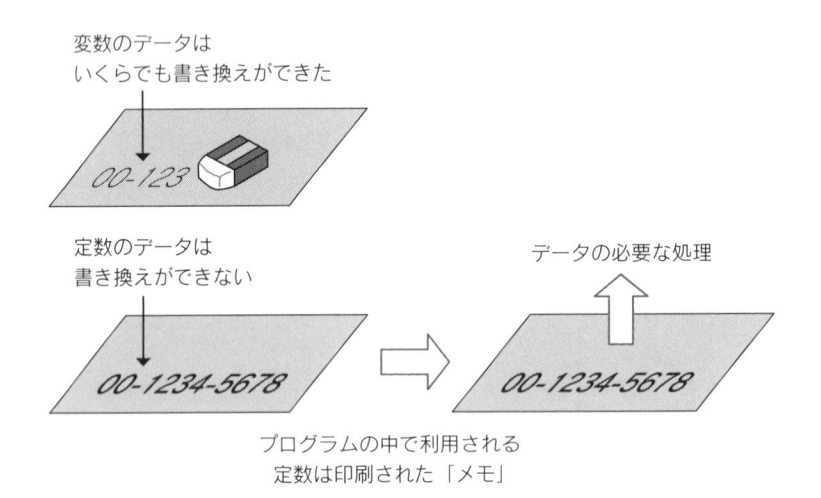

変数のデータは
いくらでも書き換えができた

00-123

定数のデータは
書き換えができない

00-1234-5678

データの必要な処理

00-1234-5678

プログラムの中で利用される
定数は印刷された「メモ」

定数とは

定数は、消費税やパスワード、円周率のように固定された値を格納し、プログラムの中で繰り返し記述するときに利用します。たとえば消費税を「0.08」という数値で直接プログラムの中に記述すると、消費税率が変更されたとき、プログラム内のすべての「0.08」を書き換える必要が発生します。消費税を「SyohiZei」という定数の中に格納してコードに記述すれば、定数に「0.08」の数値を代入する部分のみを書き換えるだけで、プログラム内で使用する定数「SyohiZei」（消費税率）をすべて変更することができます。

●定数を宣言する

定数を宣言するには、**Constステートメント**を使用します。定数は、宣言する際に必ず値を代入する必要があります。定数を宣言するには、次のように記述します。

```
Const 定数名 As データ型 = 格納する値
```

では実際に、定数を宣言して利用してみましょう。

❶実習ファイル「B03.accdb」に標準モジュールを追加します

❷追加された「Module3」モジュールに次のコードを記述してください

```
Sub Test()
    Const SyohiZei As Double = 0.08
    Dim Kingaku As Double
    Kingaku = 100
    MsgBox "税込の金額は" & Kingaku + (Kingaku * SyohiZei) & "円です"
End Sub
```

❸このコードを実行すると、「税込の金額は108円です」と表示されます

定数「SyohiZei」と変数「Kingaku」が、「Double」型で宣言されているのは、小数値を扱う必要があるためです。「Long」型にすると小数値を扱うことができないので、定数「SyohiZei」に格納される値は「0」になります。また、このプログラムに記述を追加して、定数「SyohiZei」を繰り返し使用したとしても、コード2行目の「0.08」の数値を変更するだけで、すべての定数「SyohiZei」を使用している箇所に、値の変更を反映させることができます。

なお、定数は宣言時以外に値を代入することはできません。次のような記述はエラーになります。

```
Sub Test()
    Const SyohiZei As Double - 0.08
    Dim Kingaku As Double
    SyohiZei = 0.1
    Kingaku = 100
    MsgBox "税込の金額は" & Kingaku + (Kingaku * SyohiZei) & "円です"
End Sub
```

コード4行目で定数「SyohiZei」に値を代入しようとしているため、このコードを実行すると、「定

数には値を代入できません。」とメッセージが表示されコードの実行が中断します。

変数と同様に、定数の宣言はプロシージャ内だけではなく、モジュールの宣言セクションでも行うことができます。また宣言した場所により、「適用範囲」が変わります。適用範囲については、「Access VBAスタンダード」にて詳しく解説します。

> **memo**
>
> 定数にはもうひとつ、VBAであらかじめ用意されている「組み込み定数」と呼ばれる定数があります。定数には、次の種類があります。
>
> | 定数 | 内容 |
> |---|---|
> | ユーザー定義定数 | Constステートメントで作成し、ユーザーが自由に設定できる定数 |
> | 組み込み定数 | 関数やプロパティの引数など、VBAで定義されている定数 |
>
> 前述のようにユーザーが自由に設定できる定数のことを「ユーザー定義定数」と呼びます。「組み込み定数」については、「Access VBAスタンダード」にて詳しく解説します。

● 他の定数の参照

定数は、他の定数の値を使って、自身に格納する値を設定することができます。
では実際に、他の定数の値を使って定数の値を設定してみましょう。

❶先ほどのコードを次のように書き換えてください

```
Sub Test()
    Const SyohiZeiritu As Double = 0.08
    Const SyohiZei As Double = SyohiZeiritu + 1
    Dim Kingaku As Double
    Kingaku = 100
    MsgBox "税込の金額は" & Kingaku * SyohiZei & "円です"
End Sub
```

❷このコードを実行すると、「税込の金額は108円です」と表示されます

コード3行目で、定数「SyohiZei」に対して、定数「SyohiZeiritu」に1を加算した値を代入しています。定数「SyohiZeiritu」の値は「0.08」なので定数「Syohizei」には「0.08+1」の値、つまり「1.08」が代入されます。コード6行目で変数「Kingaku」に対して、そのまま1.08を掛けているので、表示される金額は前回同様、「108円」になります。

他の定数の値を使って、定数に格納する値を設定するときには、**定数の循環参照**が発生しないように、注意する必要があります。

```
Const Teisu1 As String = Teisu2
Const Teisu2 As String = Teisu1
```

この場合、定数「Teisu1」と定数「Teisu2」が、お互いを参照し合っているため、定数の循環参照となりエラーが発生します。

3-3 配列

配列とは、変数というメモを罫線でいくつかのマスに区切り、複数の値を格納できるようにしたものです。区切られたマスの数で、格納されるデータの数が異なります。たとえば、電話番号メモを罫線で10行に区切れば、10の異なる電話番号をメモすることができます。ただし、格納できるデータは複数ですが、複数のデータ型のデータを格納することはできません。格納できるデータ型は、配列に指定したデータ型のみになります。

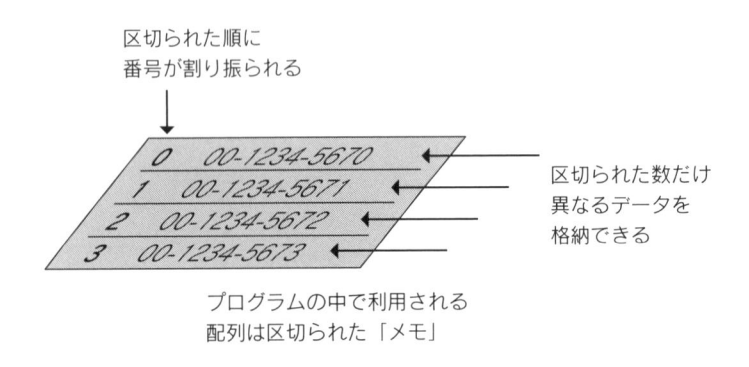

区切られた順に
番号が割り振られる

区切られた数だけ
異なるデータを
格納できる

プログラムの中で利用される
配列は区切られた「メモ」

配列とは

配列とは、正確には配列を持った変数（配列変数）のことをいいます。また、配列に格納されている個々の値を、**要素**と呼びます。配列は、格納された複数の要素（データ）を自由に操作するために、**インデックス番号**と呼ばれる番号を持っています。インデックス番号は特に指定しない場合、「0」から始まります。配列にデータを代入したり取得したりするときには、このインデックス番号で、どの要素を取り出すのかを指定します。

【配列の要素を代入する】

配列（インデックス番号） = 代入する値

【配列の要素を取得する】

オブジェクト. プロパティ = 配列（インデックス番号）
オブジェクト. メソッド 配列（インデックス番号）
代入する変数 = 配列（インデックス番号）

● 配列を宣言する

配列の宣言は、変数の宣言と同じように行います。変数の宣言との違いは、配列では**いくつの
データを取り扱うのか**を要素の数で指定する必要があることです。この要素の数を「要素数」
と呼びますが、配列のインデックス番号は「0」から開始されるので、指定する要素数は、必要
な要素数から「1」を引いた数となります。配列を宣言するときは、次のように記述します。

```
Dim 配列(要素数 - 1) As データ型
```

では実際に、配列を宣言して利用してみましょう。

❶実習ファイル「B03.accdb」に標準モジュールを追加します

❷追加された「Module4」モジュールに次のコードを記述してください

```
Sub Test()
    Dim Namae(3) As String
    Namae(0) = "鈴木、"
    Namae(1) = "佐藤、"
    Namae(2) = "林、"
    Namae(3) = "山田"
    MsgBox Namae(0) & Namae(1) & Namae(2) & Namae(3)
End Sub
```

❸このコードを実行すると、「鈴木、佐藤、林、山田」と表示されます

コード2行目で、配列「Namae」を4つの要素数で宣言しています。指定する値は「要素数 - 1」
なので「3」になります。この配列「Namae」の各要素に、3～6行目で値を代入しています。
7行目で配列の各要素を取り出し、表示させています。次の図のようなイメージになります。

配列 Namae(3) の中身

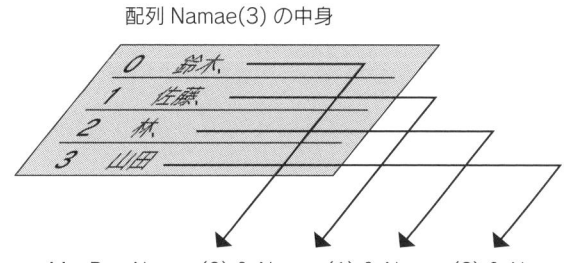

MsgBox Namae(0) & Namae(1) & Namae(2) & Namae(3)

配列を使用しない場合、上のコードは次のように記述する必要があります。

```
Sub Test2()
    Dim Namae0 As String
    Dim Namae1 As String
    Dim Namae2 As String
    Dim Namae3 As String
    Namae0 = "鈴木、"
    Namae1 = "佐藤、"
    Namae2 = "林、"
    Namae3 = "山田"
    MsgBox Namae0 & Namae1 & Namae2 & Namae3
End Sub
```

このコードでも同様の動作をしますが、変数を4つも宣言しています。もし、格納する値が100個あれば、100個の変数を宣言する必要があります。配列を使用すれば格納する値がいくつあっても、ひとつの配列を宣言すればよいので、プログラムの記述がシンプルで分かりやすくなります。

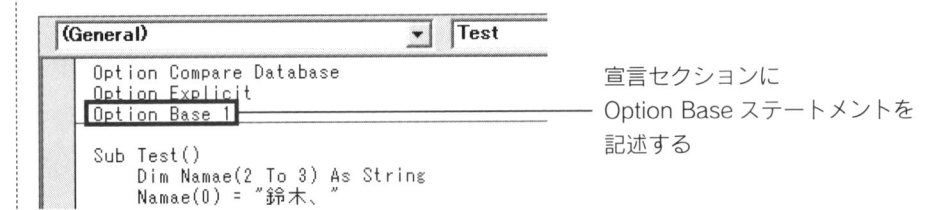

ここで解説した配列は、要素を1次元で格納する「1次元配列」と呼ばれる配列です。配列には、要素を2次元で格納する「2次元配列」や、2次元以上の要素を格納する「多次元配列」と呼ばれる配列があります。2次元配列・多次元配列については、「Access VBAスタンダード」で詳しく解説します。

これで第3章の実習を終了します。実習ファイル「B03.accdb」を閉じ、Accessを終了します。[オブジェクトの保存] ダイアログボックスが表示されるので [はい] ボタンをクリックし、オブジェクトの変更を保存します。

4

ステートメント

この章では、プログラムで頻繁に使用するステートメントについて解説します。ステートメントによる様々な処理を理解することで、プログラムの動作を自由に制御できるようになります。

ランチタイムに食堂で、A定食とB定食、どちらを選ぶか迷っているとします。A定食は好物ですが、値段が高く、B定食は好物ではありませんが、値段が安いとします。あなたは、どちらを選びますか？このとき、A定食を選んだ人は、「値段」という条件よりも、「好物」という条件を優先させました。逆にB定食を選んだ人は、「好物」という条件よりも、「値段」という条件を優先させたことになります。また、どちらも選ばずにカレーライスにするという選択肢もあるでしょう。

このようにプログラムの中で、**ある条件を評価して処理を選択させたい**場合があります。これを**分岐処理**と呼びます。ここでは、2種類の分岐処理について解説していきます。

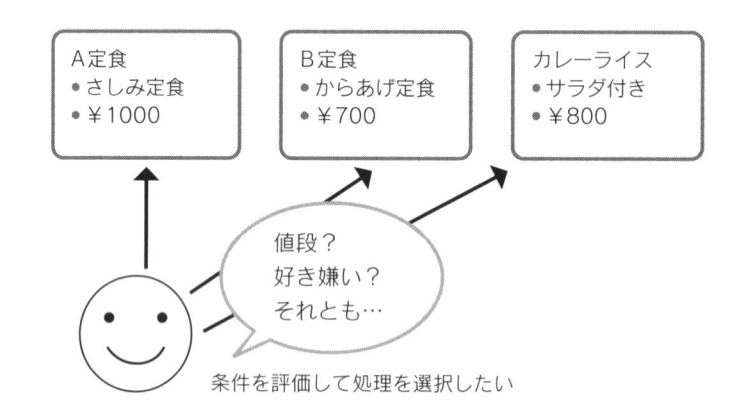

条件を評価して処理を選択したい

Ifステートメント

Ifステートメントとは、指定した条件を満たしたかどうか（真か偽か）の判定によって、処理を分岐させるステートメントです。Ifステートメントは、ひとつまたは複数の条件によって処理を分岐させることができます。また、分岐させる条件を判定するための式を**条件式**と呼びます。

● ひとつの条件で処理を分岐する

Ifステートメントの基本となる使い方です。指定した条件を満たしたときだけ、処理を実行します。Ifステートメントの記述は次の通りです。

```
If 条件式 Then 処理
```

または

```
If 条件式 Then
    処理
End If
```

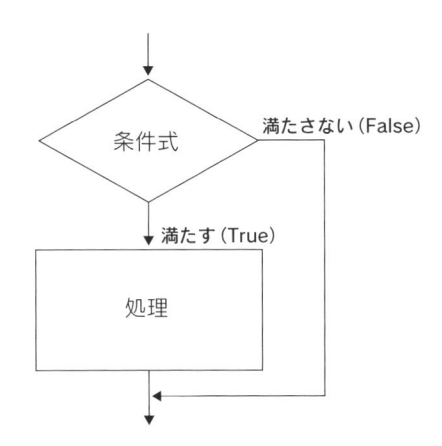

では実際に、Ifステートメントを記述してその動作を確認しましょう。

❶実習ファイル「B04.accdb」を開いてください

❷「Module1」モジュールをダブルクリックし、VBEを起動します

❸コードウィンドウに次の処理を記述しましょう

```
Sub Test()
    Dim MyNumber As Long
    MyNumber = InputBox("数値を入力してください")
    If MyNumber < 10 Then
        MsgBox "10未満の数値が入力されました"
    End If
End Sub
```

このコードを実行すると、「数値を入力してください」とダイアログボックスが表示されます。コード3行目に記述した

```
InputBox("数値を入力してください")
```

は、InputBox関数といって、ユーザーにデータを入力させるためのダイアログボックスを表示

する関数です。関数については、「第5章 関数」で詳しく解説します。

ダイアログボックスに、「1」を入力して［OK］ボタンをクリックすると、「10 未満の数値が入力されました」のメッセージが表示され、コードの実行が終了します。もう一度コードを実行し、ダイアログボックスに「11」を入力して［OK］ボタンをクリックしてください。今度は、何も表示されずにコードの実行が終了します。

同じコードなのに、異なる処理を実行しました。これが分岐処理です。コードの3行目で、InputBox関数により取得した数値（あなたの入力した数値）は、変数「MyNumber」に格納されます。コードの4行目の

```
If MyNumber < 10 Then
```

で、Ifステートメントにより、変数「MyNumber」の値を評価します。この条件式は、変数「MyNumber」の値が、10未満のときに「真」となり、10以上ならば「偽」となります。

1回目にコードを実行したときは、変数「MyNumber」に「1」が格納されました。1は10未満の数値なので条件式は「真」となり、「Then」以降の処理が実行されます。つまり、MsgBox関数の処理が行われ、画面にメッセージが表示されます。
2回目に実行したときは、変数「MyNumber」に「11」が格納されました。11は10未満ではないので、条件式は「偽」となり、「Then」以降の処理が実行されなかったのです。

先ほどの「Test」プロシージャは、次のように記述しても、同じ動作をします。

```
Sub Test()
    Dim MyNumber As Long
    MyNumber = InputBox("数値を入力してください")
    If MyNumber < 10 Then MsgBox "10未満の数値が入力されました"
End Sub
```

このように、「Then」の後に実行させる処理を続けることで、1行で記述することもできます。

 上のコードで、入力用のダイアログボックスが表示されたときに、［キャンセル］ボタンをクリックしたり、数値以外の値を入力すると、「実行時エラー」が発生するので注意してください。これは、変数「MyNumber」がLong型のため、数値以外のデータを格納できないからです。実行時エラーのダイアログボックスが表示されたときは、［終了］ボタンをクリックしてコードの実行を終了してください。

● ひとつの条件を満たしたときと満たさなかったときで処理を分岐する

先ほどのコードは、条件を満たさなかったときは、何も処理が実行されませんでした。If ステートメントに **Else 節** を用いることで、条件を満たさなかったときの処理を指定することができます。Else 節の記述は次の通りです。

```
If 条件式 Then 処理1 Else 処理2
```

または

```
If 条件式 Then
    処理1
Else
    処理2
End If
```

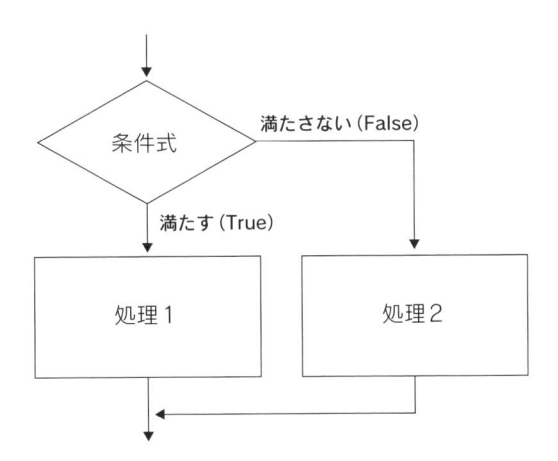

では実際に、Else 節を使ったコードを記述しましょう。

❶ 先ほどのコードを次のように書き換えます

```
Sub Test()
    Dim MyNumber As Long
    MyNumber = InputBox("数値を入力してください")
    If MyNumber < 10 Then
        MsgBox "10未満の数値が入力されました"
    Else
        MsgBox "10以上の数値が入力されました"
    End If
```

次ページへ続く

```
End Sub
```

このコードを実行し、ダイアログボックスに「11」を入力します。今度は、「10以上の数値が入力されました」とメッセージが表示されます。これは、コード6行目でElse節を用いて、「MyNumber < 10」の条件を満たさなかったときの処理を指定しているためです。「11」が入力されたとき、条件が満たされなかったため、Else以降の処理が実行されました。

> **memo**
> ここまでのIfステートメントは、「End If」を使用しないで1行で記述することができます。しかし特殊なケースを除いて、Ifステートメントを1行で記述することは推奨しません。それは、Ifステートメントは、同じIfステートメントを入れ子「ネスト構造（入れ子構造）」にすることができるからです。「End If」を使用しないで記述すると、このネスト構造が分かりにくくなり、エラーの原因になったり、エラーの場所が特定しにくくなります。

● 複数の条件で処理を分岐する

最初の条件を満たさなかったときに次の条件判断をさせ、その条件も満たさなかったときにさらに次の条件判断をさせるというように、複数の条件で処理を分岐させるには、**ElseIf節**を用います。ElseIf節を使用すると、条件をいくつでも追加することができます。

ElseIf節の条件が満たされたときは、それ以降の条件を判断することなくIfステートメントを終了します。また最後にElse節を用いて、どの条件も満たさなかったときの処理を記述できます。ElseIf節の記述は次の通りです。

```
If 条件式1 Then
    処理1
ElseIf 条件式2 Then
    処理2
ElseIf 条件式3 Then
    処理3
    :
Else
    すべての条件を満たさなかったときの処理
End If
```

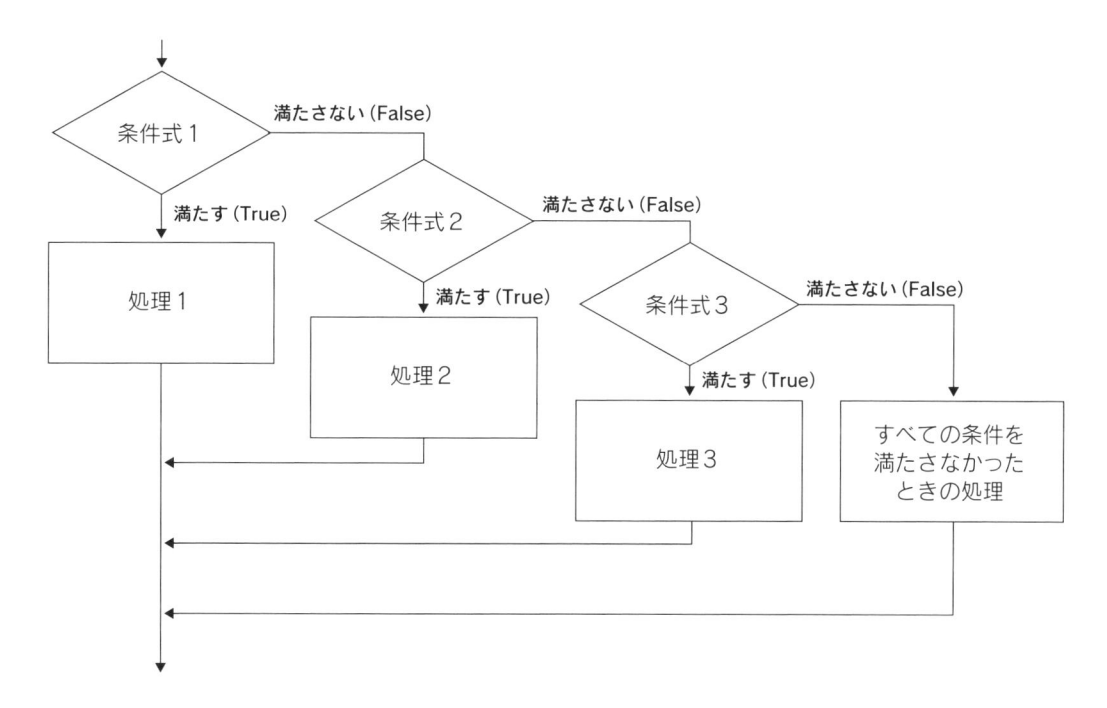

では実際に、ElseIf 節を使ったコードを記述しましょう。

❶先ほどのコードを次のように書き換えます

```
Sub Test()
    Dim MyNumber As Long
    MyNumber = InputBox("数値を入力してください")
    If MyNumber < 10 Then
        MsgBox "10未満の数値が入力されました"
    ElseIf MyNumber >= 20 Then
        MsgBox "20以上の数値が入力されました"
    ElseIf MyNumber = 10 Then
        MsgBox "10が入力されました"
    Else
        MsgBox "11〜19の数値が入力されました"
    End If
End Sub
```

コードを実行し、ダイアログボックスに「20」を入力します。「20以上の数値が入力されました」
のメッセージが表示されます。再度コードを実行し、今度は「10」を入力します。「10が入力
されました」のメッセージが表示されます。さらにコードを実行し、今度は「11」を入力します。
「11〜19の数値が入力されました」のメッセージが表示されます。

このコードはElseIf節を用いて、変数「MyNumber」の値を複数回判定しています。コード6行目の

```
ElseIf MyNumber >= 20
```

に処理が移るのは、変数「MyNumber」の値が10以上の場合です。ここで、変数「MyNumber」の値が20以上のときは条件を満たすため、「20以上の数値が入力されました」のメッセージが表示され、以降の「ElseIf」の判断を行いません。8行目の

```
ElseIf MyNumber = 10
```

に処理が移るのは、変数「MyNumber」の値が10以上19以下の場合です。ここで、変数「MyNumber」の値が10のときは条件を満たすため、10行目の「Else」に処理が移るのは、変数「MyNumber」の値が11以上19以下の場合のみになります。

> **◆ memo**
>
> If ステートメントの条件式には、論理演算子のAnd演算子やOr演算子を使用して、複数の条件を指定することができます。たとえば、
>
> ```
> If MyNumber < 10 And MyNumber > 0 Then
> ```
>
> ならば、変数「MyNumber」が1〜9の数値のとき真となり、それ以外は偽となります。また、
>
> ```
> If MyNumber = 10 Or MyNumber = 0 Then
> ```
>
> ならば、変数「MyNumber」が10または0の数値のとき真となり、それ以外は偽となります。

> **◆ memo**
>
> 条件式で比較演算子の= 演算子を用いるとき、次のようなケースでは記述の省略ができます。たとえば、ブール型の変数「MyBoolean」を判定するとき、
>
> ```
> If MyBoolean = True Then
> ```
>
> または
>
> ```
> If MyBoolean Then
> ```
>
> のどちらの記述でも正しく分岐処理を行います。
>
> Ifステートメントは、条件式の「真／偽」により処理を分岐するため、もともと真偽値である「True／False」が格納されているブール型をさらに条件式で判定する必要がないからです。偽の場合を判定するときは、
>
> ```
> If MyBoolean = False Then
> ```
>
> または

...
```
  If Not MyBoolean Then
```
のように、Not演算子を使用して記述します。

...
...
...
...
...
...
...

Select Case ステートメント

Select Case ステートメントは、ひとつの対象に対して繰り返し判断を行い、値に応じて処理を分岐させる場合に使用します。Ifステートメントを代用してSelect Caseステートメントと同じ処理を記述することもできますが、Select Caseステートメントを使用した方がスマートな記述になります。

● 対象の値で処理を分岐する

対象の値で処理を分岐するには、**Case節**を使用します。Case節の後には、処理を分岐させる条件式を記述します。Case節はいくつでも追加することができ、あるCase節の条件を満たしたときは、それ以降のCase節の条件を判断することなくSelect Caseステートメントを終了します。また最後に**Case Else節**を用いて、どの条件も満たさなかったときの処理を記述できます。Select Caseステートメントの記述は次の通りです。

```
Select Case 条件判断の対象
Case 条件式1
    対象が条件式1 を満たすときの処理
Case 条件式2
    対象が条件式2 を満たすときの処理
Case 条件式3
    対象が条件式3 を満たすときの処理
 :
Case Else
    対象がすべての条件を満たさなかったときの処理
End Select
```

...
...
...
...

...
...
...
...

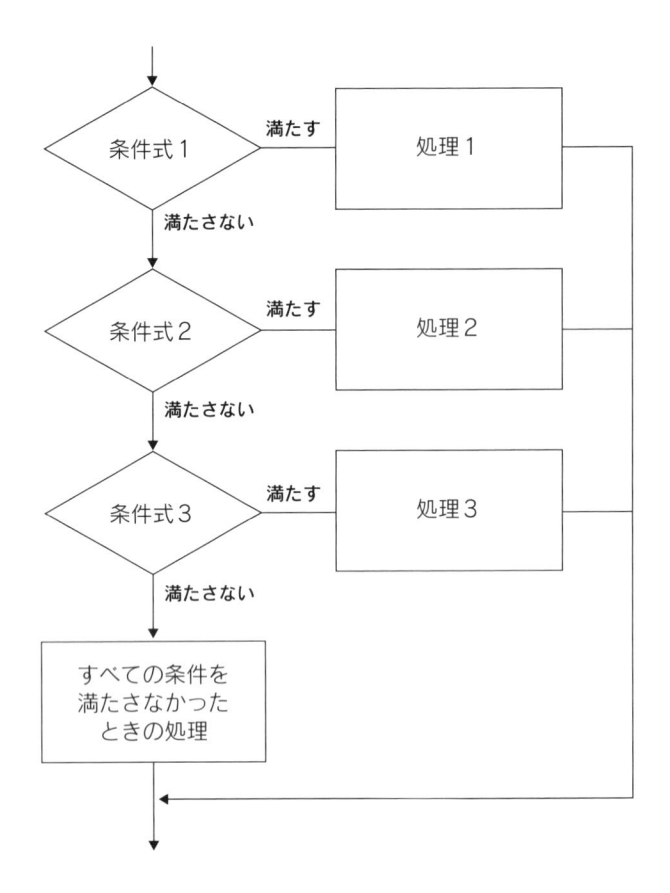

では実際に、Select Case ステートメントを使用した分岐処理を記述しましょう。

❶実習ファイル「B04.accdb」に標準モジュールを追加してください

❷追加された「Module2」モジュールに次のコードを記述します

```
Sub Test()
    Dim MyNumber As Long
    MyNumber = InputBox("数値を入力してください")
    Select Case MyNumber
    Case 1
        MsgBox "1が入力されました"
    Case 2
        MsgBox "2が入力されました"
    Case 3
        MsgBox "3が入力されました"
    Case Else
```

```
        MsgBox "1〜3以外の数値が入力されました"
    End Select
End Sub
```

コードを実行し、ダイアログボックスに「1」を入力します。「1が入力されました」とメッセージが表示されます。再度コードを実行し、今度は「2」を入力します。「2が入力されました」のメッセージが表示されます。さらにコードを実行し、今度は「10」を入力します。「1〜3以外の数値が入力されました」のメッセージが表示されます。

1回目の実行では、変数「MyNumber」に「1」が格納されたため「Case 1」の条件を満たします。そこで以降の条件を判断することなく、次の行の「1が入力されました」のメッセージを表示する処理を行いました。
2回目の実行では、変数「MyNumber」に「2」が格納されたため「Case 1」の条件を満たしません。そこで次の「Case 2」に条件判断の処理が移りました。

このように、すべてのCase節を上から順に判断していき、条件を満たしたCase節の処理を実行します。また、どの条件も満たさなかったときは「Case Else」に処理が移ります。

> **◎memo**
> Case Else節は必要に応じて記述すればよく、どの条件も満たさなかったとき、特に処理を行う必要がなければ「Case Else」の記述を省略します。

● Case節の記述方法
Case節は、先ほどのコードで使用した記述のほかに、いろいろな方法で条件式を記述することができます。Case節の記述方法は次の通りです。

条件	記述
1のとき	Case 1
1以上のとき	Case Is >= 1
1以下のとき	Case Is <= 1
1より大きいとき	Case Is > 1
1より小さいとき	Case Is < 1
1以上5以下のとき	Case 1 To 5
1または5のとき	Case 1, 5

では実際に、Case節の様々な記述方法について確認しましょう。

❶ 先ほどのコードを、次のように書き換えます

```
Sub Test()
    Dim MyNumber As Long
    MyNumber = InputBox("数値を入力してください")
    Select Case MyNumber
    Case 1, 2, 3
        MsgBox "1または2または3が入力されました"
    Case 4 To 10
        MsgBox "4〜10の数値が入力されました"
    Case Is > 10
        MsgBox "10より大きい数値が入力されました"
    Case Is <= 0
        MsgBox "0以下の数値が入力されました"
    End Select
End Sub
```

このコードを実行すると入力された数値をもとに、上から順にCase節の判定を行います。
「Case 1, 2, 3」は「1または2または3」の数値が、「Case 4 To 10」は「4以上10以下」の数値が、「Case Is >10」は「10より大きい」数値が、「Case Is <= 0」は「0以下」の数値が入力されたときCase節の条件を満たし、それぞれ次の行の処理を実行します。

4-2 繰り返し処理

突然ですが、「Access VBAの勉強は楽しいな」というメッセージを10回表示する処理を、コードで記述してみてください。あなたは、どのように記述しますか？「MsgBox "Access VBAの勉強は楽しいな"」のコードを10行記述しますか？1行だけ書いて、後はコピーして貼り付けるから簡単？ではもし100回表示する処理ならどうします？100回コピーしますか？

プログラムにはこのように、繰り返し行われる処理を簡単に記述するためのステートメントが、あらかじめ用意されています。決められた処理を繰り返し実行する処理を「繰り返し処理」と呼び、**決められた回数**あるいは、**ある条件を満たすまで**の間は、何度でも正確に処理を繰り返します（繰り返し処理は「ループ処理」とも呼びます）。ここでは、3種類の繰り返し処理について解説します。

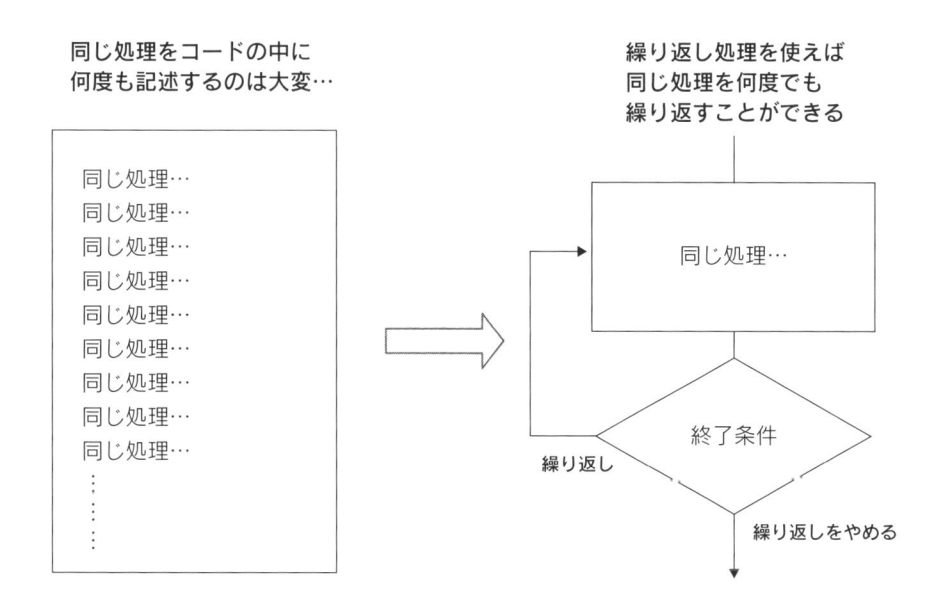

For...Nextステートメント

繰り返し処理で、**決められた回数だけ**処理を繰り返したいとき、**For...Nextステートメント**を使用します。For...Nextステートメントは、**カウンタ変数**と呼ばれる、繰り返した回数を格納する変数を用います。カウンタ変数には、自動的に繰り返した回数が記録されます。For...Nextステートメントの記述は次の通りです。

```
For カウンタ変数 = 初期値 To 最終値 （Step 加算値）
    繰り返し実行する処理
Next カウンタ変数
※「Step 加算値」の指定は省略可
```

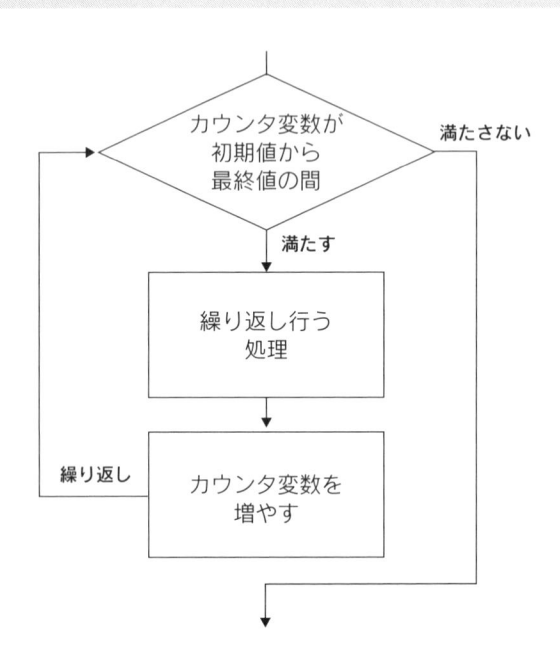

では、実際にFor...Nextステートメントを使用した繰り返し処理を記述しましょう。

❶実習ファイル「B04.accdb」に標準モジュールを追加してください

❷追加された「Module3」モジュールに次のコードを記述します

```
Sub Test()
    Dim i As Long
    For i = 1 To 3
        MsgBox i & "回目の繰り返し処理です"
    Next i
End Sub
```

このコードを実行すると、「1回目の繰り返し処理です」～「3回目の繰り返し処理です」と、3回メッセージが表示され、コードの実行が終了します。コードの2行目で宣言している変数「i」がカウンタ変数になります。3行目の

```
For i = 1 To 3
```

でカウンタ変数の開始値を「1」に、終了値を「3」に設定しています。そのため、For...Next
ステートメント内の処理が繰り返されるごとに、カウンタ変数の値が1ずつ加算され、1回目の
処理では変数「i」に「1」が、2回目の処理では変数「i」に「2」が、3回目の処理では変数「i」
に「3」が格納され、メッセージ「○回目の～」の○の部分に、繰り返した回数として表示され
ます。

このコードは次のように記述しても、同様の動作をします。

```
Sub Test()
    Dim i As Long
    For i = 1 To 3 Step 1
        MsgBox i & "回目の繰り返し処理です"
    Next i
End Sub
```

Step キーワードを使用して、カウンタ変数の加算値を「1」に設定しました。Step キーワード
を省略すると、加算値は自動的に「1」が設定されます。そのため、先ほどのコードと同じ動作
をします。

> **memo**
>
> Step キーワードの加算値には、「2」以上の数値や負の数を指定することもできます。たとえば、
> 「For i = 2 To 6 Step 2」この記述でも、3回処理を繰り返します。カウンタ変数は「2 → 4 → 6」
> と変化します。また、「For i = 3 To 1 Step –1」この記述でも、3回処理を繰り返します。カウ
> ンタ変数は「3 → 2 → 1」と変化します。

● 繰り返し処理をネストする

For...Next ステートメントは、If ステートメントと同様に、ネスト構造（入れ子構造）にするこ
とができます。繰り返し処理の中で、さらに繰り返し処理を記述することができます。この場合、
ネストする数に応じて、異なるカウンタ変数を用意する必要があります。
たとえば、2つの繰り返し処理をネストする場合は、2つのカウンタ変数が必要になります。

では実際に、ネスト構造の繰り返し処理を記述しましょう。

❶ 先ほどのコードを次のように修正します

```
Sub Test()
    Dim i As Long
    Dim j As Long
    For i = 1 To 2
```

次ページへ続く

```
        For j = 1 To 2
            MsgBox i & "-" & j & "回目の繰り返し処理です"
        Next j
    Next i
End Sub
```

このコードを実行すると、表示されるメッセージ「〇回目の〜」の〇の部分が「1-1 → 1-2 → 2-1 →2-2」と変化し、メッセージが4回表示されます。「1-1」と表示されているとき、左側の「1」はカウンタ変数「i」の値で、右側の「1」はカウンタ変数「j」の値です。ネスト構造のループを実行中、カウンタ変数は次のように変化します。

```
i=1 j=1    →    1-1
i=1 j=2    →    1-2
i=2 j=1    →    2-1
i=2 j=2    →    2-2
```

Do...Loopステートメント

先ほどのFor...Nextステートメントは、繰り返す回数があらかじめ決まっているケースで使用しました。しかし、繰り返す回数が決められない場合もあります。そのようなケースで、**ある条件を満たしている間や、ある条件を満たすまで**繰り返し処理を実行させたいとき、**Do...Loopステートメント**を使用します。

Do...Loopステートメントは、「ある条件を満たしている間」は処理を繰り返す **Whileキーワード**、または「ある条件を満たすまで」処理を繰り返す **Untilキーワード**、と一緒に使用します。Do...Loopステートメントの記述は次の通りです。

```
Do （While または Until） 条件式
    繰り返し実行する処理
Loop
```

または

```
Do
    繰り返し実行する処理
Loop （While または Until） 条件式
```

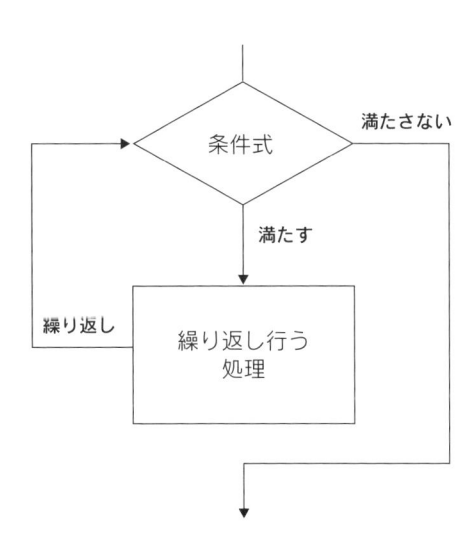

では、実際にDo...Loopステートメントを使用した繰り返し処理を記述しましょう。

❶実習ファイル「B04.accdb」に標準モジュールを追加してください

❷追加された「Module4」モジュールに次のコードを記述します

```
Sub Test()
    Dim MyNumber As Long
    Dim Joken As Long
    Joken = 10
    Do While Joken > 0
        MyNumber = InputBox("数値を入力してください")
        Joken = Joken - MyNumber
    Loop
    MsgBox "繰り返し処理が終了しました"
End Sub
```

このコードを実行し、ダイアログボックスに「5」を入力します。再びダイアログボックスが表示されるので、さらに「5」を入力します。すると「繰り返し処理が終了しました」のメッセージが表示され、コードの実行が終了します。

コードの4行目で変数「Joken」に数値の「10」を格納しました。5行目の

```
Do While Joken > 0
```

は、"変数「Joken」の値が0より大きい間は処理を繰り返す"という繰り返し条件の指定です。ダイアログボックスに「5」を入力したため、変数「MyNumber」には「5」が格納されました。7行目の

```
Joken = Joken - MyNumber
```

の処理で、変数「Joken」の値から変数「MyNumber」の値を引いています。つまり変数「Joken」には「5」が代入されました。これは、"変数「Joken」の値が0より大きい"の繰り返し条件を満たすため、処理が繰り返されます。

再びダイアログボックスに「5」を入力しました。再度、計算処理を行うと変数「Joken」の値は「0」になり、繰り返し条件を満たさなくなります。そのため、繰り返し処理が終了します。

● While キーワードと Until キーワード

Do...Loopステートメントの条件式に対して、**条件を満たしている間**は繰り返し処理を実行するのが**While キーワード**です。逆に、**条件を満たしていない間（満たすまで）**は繰り返し処理を実行するのが**Until キーワード**になります。While キーワードの繰り返し条件は、Until キー

ワードで書き換えることができます。

先ほどのコードは、次のように記述しても同様の動作をします。

```
Sub Test()
    Dim MyNumber As Long
    Dim Joken As Long
    Joken = 10
    Do Until Joken <= 0
        MyNumber = InputBox("数値を入力してください")
        Joken = Joken - MyNumber
    Loop
    MsgBox "繰り返し処理が終了しました"
End Sub
```

この場合、先ほどは

```
While Joken > 0
```

だった繰り返し条件が

```
Until Joken <= 0
```

つまり、**変数「Joken」が0以下になるまで繰り返す**ように設定されています。これは、**変数「Joken」が0より大きい間は繰り返す**と同じ意味になるので、先ほどのコードと同じ動作をします。

◉ 実行前判断、実行後判断

Do...Loopステートメントは、繰り返し条件をステートメントの最初に判断する「実行前判断」と、ステートメントの最後に判断する「実行後判断」の2種類があります。

実行前判断ではステートメントの最初に条件を判断するため、はじめから条件を満たしていなければ、**一度もDo...Loopステートメント内の処理は実行されません。**
実行後判断ではステートメントの最後に条件を判断するため、たとえ条件を満たしていなくても**必ず一度はDo...Loopステートメント内の処理が実行されます。**

Do...Loopステートメントのパターンには次の4通りがあります。

キーワード	条件の位置	動作
While	実行前判断	条件を満たしている間は処理を繰り返す。最初から条件を満たしていない場合は、一度も処理が行われない
While	実行後判断	条件を満たしている間は処理を繰り返す。最初から条件を満たしていない場合でも、一度は処理が行われる
Until	実行前判断	条件を満たすまでは処理を繰り返す。最初から条件を満たしている場合は、一度も処理が行われない
Until	実行後判断	条件を満たすまでは処理を繰り返す。最初から条件を満たしている場合でも、一度は処理が行われる

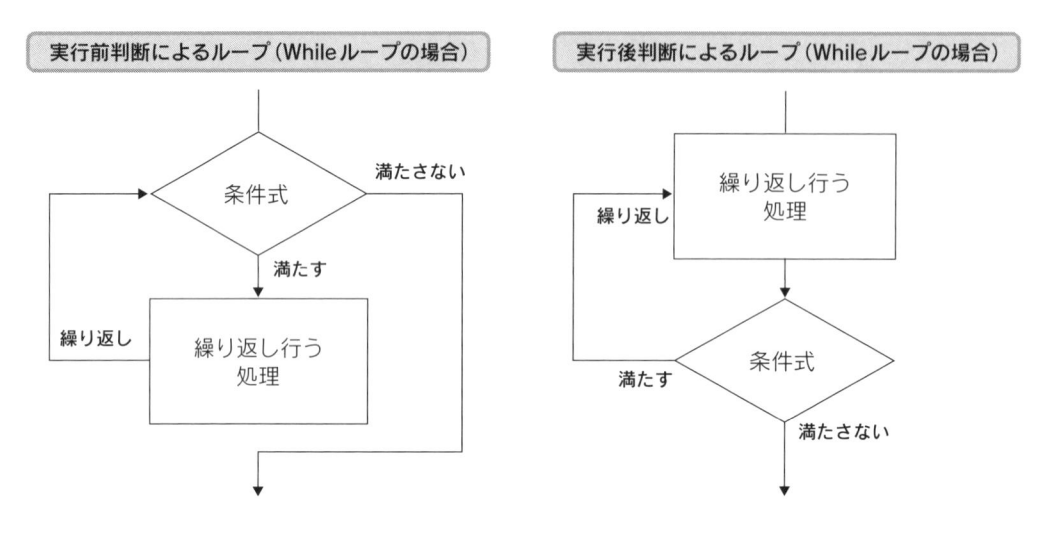

では実際に、実行前判断と実行後判断の動作の違いについて確認しましょう。

❶ 先ほどのコードを次のように書き換えます

```
Sub Test()
    Dim MyNumber As Long
    Dim Joken As Long
    Joken = InputBox("条件になる数値を入力してください")
    Do While Joken > 0
        MyNumber = InputBox("数値を入力してください")
        Joken = Joken - MyNumber
    Loop
    MsgBox "繰り返し処理が終了しました"
End Sub
```

コードを実行し、「条件になる数値を入力してください」のダイアログボックスに「0」を入力すると、いきなり「繰り返し処理が終了しました」のメッセージが表示され、コードの実行が終

了します。

再度実行し、今度は「1」を入力します。「数値を入力してください」のダイアログボックスが表示されるので、こちらも「1」を入力すると、同様にコードの実行が終了します。

これは、最初に表示されるダイアログボックスで、変数「Joken」の初期値を入力しているためです。1回目に実行したとき、変数「Joken」の値に「0」を入力したため

```
While Joken > 0
```

の条件を最初から満たしませんでした。そのため、一度もDo...Loop内の処理が実行されずに終了したのです。2回目に実行したときは、「1」を入力したためこの条件を満たしました。そのため、Do...Loop内の処理が実行されたのです。これが、実行前判断の動作です。

❷ 次に、コードを次のように書き換えます

```
Sub Test()
    Dim MyNumber As Long
    Dim Joken As Long
    Joken = InputBox("条件になる数値を入力してください")
    Do
        MyNumber = InputBox("数値を入力してください")
        Joken = Joken - MyNumber
    Loop While Joken > 0
    MsgBox "繰り返し処理が終了しました"
End Sub
```

コードを実行し、「条件になる数値を入力してください」のダイアログボックスに「0」を入力しても、今度は「数値を入力してください」のダイアログボックスが表示されます。なぜ、先ほどと動作が異なるのでしょう？　今回は、

```
While Joken > 0
```

の条件を最後に判定しています。ですので、変数「Joken」にどのような数値が入力されても、必ず一度はDo...Loop内の処理が実行されます。これが実行後判断です。Do...Loopステートメントを記述するには、この実行前判断と実行後判断の「動作の違い」について、よく理解しておく必要があります。「数値を入力してください」のダイアログボックスに「0」以上の数値を入力し、コードの実行を終了させてください。

For Each...Nextステートメント

For Each...Nextステートメントは、「配列」や、同じオブジェクトの集合である「コレクション」の、**各要素に対して同じ処理を繰り返す**ときに使用します。For Each...Nextステートメントは「要素変数」という、配列やコレクションを一時的に格納する変数を使用します。この要素変数に各要素が順番に格納されて、**要素の数だけ**繰り返し処理を実行します。For Each...Nextステートメントの記述は次の通りです。

```
For Each 要素変数 In 配列またはコレクション
    繰り返し実行する処理
Next 要素変数
```

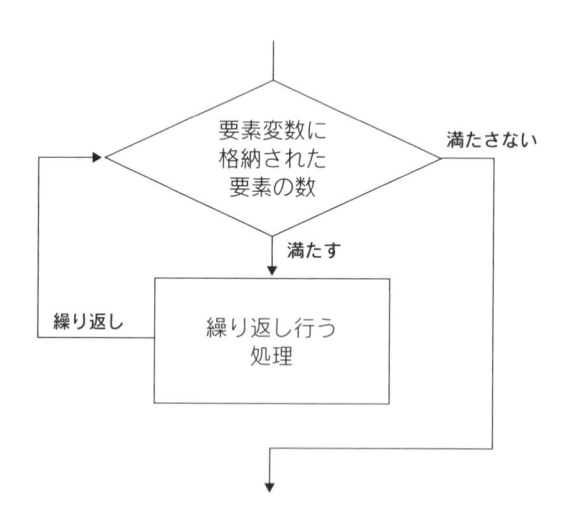

では、実際にFor Each...Nextステートメントを使用した繰り返し処理を記述しましょう。

❶実習ファイル「B04.accdb」に標準モジュールを追加してください

❷追加された「Module5」モジュールに次のコードを記述します

```
Sub Test()
    Dim MyNumber(4) As Long
    Dim MyValue As Variant
    Dim i As Long
    For i = 0 To 4
        MyNumber(i) = i
    Next i
    For Each MyValue In MyNumber
        MsgBox "配列の要素" & MyValue
    Next MyValue
End Sub
```

このコードを実行すると、「配列の要素0」〜「配列の要素4」の5つのメッセージが表示されます。5〜7行目のFor...Nextステートメント

```
For i = 0 To 4
    MyNumber(i) = i
Next i
```

で、配列「MyNumber」に0〜4の数値が格納されます。8〜10行目のFor Each...Next ステートメント

```
For Each MyValue In MyNumber
    MsgBox " 配列の要素" & MyValue
Next MyValue
```

で、配列の各要素を要素変数「MyValue」に格納し、繰り返し処理を実行しています。このとき、配列の要素数は5つなので、繰り返し処理も5回実行されます。

さらに、コードを追加しましょう。

❸「Test」プロシージャの下に、次のコードを記述します

```
Sub Test2()
    Dim MyValue As Variant
    For Each MyValue In CurrentProject.AllModules
        MsgBox "コレクションの要素" & MyValue.Name
    Next MyValue
End Sub
```

❹このコードを実行する前に、VBEの［上書き保存］ボタンをクリックし、現在の状態を保存
します。保存が終了したら、コードを実行します

「コレクションの要素Module1」〜「コレクションの要素Module5」の5つのメッセージが表示
されます。これは、コードの3行目の

```
For Each MyValue In CurrentProject.AllModules
```

で「CurrentProject.AllModules」というコレクションを指定しているためです。「CurrentProject」
オブジェクトは、現在のデータベースを参照し、「AllModules」コレクションは、その中にある
モジュールの集合を表します。つまり、現在のデータベースにある「Module1」〜「Module5」
モジュールが、コレクションの要素になります。

For Each...Nextステートメントは、コレクションの各要素を要素変数「MyValue」に格納し、
繰り返し処理を実行します。4行目の

```
MsgBox " コレクションの要素" & MyValue.Name
```

で「MyValue.Name」と要素（格納されたモジュール）の「Name」プロパティを参照しています。
これは、オブジェクトの名前を返すプロパティなので、メッセージに「Module1」〜「Module5」
の名前が表示されたのです（表示される順番は「1 → 2 → 3 → 4 → 5」とは限りません）。

> **重要** For Each...Nextステートメントは、配列やコレクションのすべての要素に対して繰り返
> し処理を行いますが、**処理を行う順番を指定することはできません。**処理を行う順番
> を指定する必要があるときは、他の繰り返し処理を用います。

memo
要素変数は、繰り返しの対象が配列の場合はバリアント型を、コレクションの場合はバリアン
ト型またはオブジェクト型を指定します。
コレクションには先ほどの、「AllModules」コレクションの他にもたくさんのコレクションがあ
ります。コレクションについては、「Access VBA スタンダード」にて詳しく解説します。

4-3 その他の ステートメント

条件分岐や繰り返し処理のほかにも、VBAには覚えておいた方がよい便利なステートメントがあります。ここではその中でも、特に重要な2つのステートメントについて解説します。

Withステートメント

同じオブジェクトが繰り返し出てくるコードは、**Withステートメント**を使用することで、オブジェクト名を省略することができます。Withステートメントを使うと、オブジェクトへの参照の回数が減り、実行速度が向上します。Withステートメントの記述は次の通りです。

```
With 対象となるオブジェクト
    .オブジェクトに対する処理
End With
```

次の例では、「Module1」モジュールに対して、名前、行数、タイプの各プロパティを3回参照して、メッセージを表示しています。

```
Sub Test()
    MsgBox Modules("Module1").Name
    MsgBox Modules("Module1").CountOfLines
    MsgBox Modules("Module1").Type
End Sub
```

このコードをWithステートメントを使って書き換えると、「Module1」モジュールに対する参照を1回にまとめることができます。

```
Sub Test()
    With Modules("Module1")
        MsgBox .Name
        MsgBox .CountOfLines
        MsgBox .Type
```

次ページへ続く

99

```
    End With
End Sub
```

Withステートメント内で、対象となるオブジェクト名を省略して記述するには「.（ピリオド）」から記述する必要があります。

Exitステートメント

繰り返し処理の途中や、プロシージャの途中で処理を抜け出したいときに**Exitステートメント**を使用します。Exitステートメントは、抜け出す対象によって記述が変わります。主に次の4つのExitステートメントが使われます。

記述	抜け出す対象
Exit Do	Do...Loopステートメント
Exit For	For...Nextステートメント、For Each...Nextステートメント
Exit Sub	Subプロシージャ
Exit Function	Functionプロシージャ

次の例では、Exitステートメントを使用していろいろな処理を途中で抜け出しています。

```
Sub Test()
    Dim i As Long
    For i = 1 To 10
        If i = 2 Then
            Exit For──────────①
        End If
        MsgBox i
    Next i
    Do
        If i = 3 Then
            Exit Do──────────②
        End If
```

```
        MsgBox i
        i = i + 1
    Loop Until i = 10
    MsgBox i
    Exit Sub─────────────────③
    MsgBox i + 1
 End Sub
```

このコードを実行すると、「1」「2」「3」と3回メッセージが表示されます。For...Nextステートメント内で、カウンタ変数「i」が2になったとき、①のExit Forステートメントで繰り返し処理を抜けます。

Do...Loop ステートメント内でカウンタ変数「i」が3 になったとき、②のExit Doステートメントで繰り返し処理を抜けます。

最後に③のExit Subステートメントでプロシージャの処理から抜けるため、表示されるメッセージは「1」「2」「3」になります。

> **◆memo**
>
> For...Nextステートメントや、Do...Loopステートメントが入れ子構造になっている場合は、Exit
> Forまたは、Exit Doのあるループのひとつ外側のループに制御が移ります。

これで第4章の実習を終了します。実習ファイル「B04.accdb」を閉じ、Accessを終了します。[オブジェクトの保存] ダイアログボックスが表示されるので [はい] ボタンをクリックし、オブジェクトの変更を保存します。

5

関数

ここでは、プログラムの中でよく利用する関数について学習します。関数に対する知識を深めることで、より簡単かつ正確に、目的の処理をプログラミングすることができます。

5-1 関数とは

2020年1月1日は何曜日でしょう？カレンダーを見ずにすぐに答えられる人はいますか？もし、プログラムの中で、特定の日付の曜日を利用する必要があるとき、いちいちプログラムの中にカレンダーを作成しなければならないのでしょうか。おそらく、そんなことをするプログラマはいません。なぜなら、VBAには**関数**とよばれる命令があらかじめ用意されており、曜日を知りたければ「日付操作関数」を利用することで、すぐに知ることができるからです。このように、**元になるデータ（引数）に対して、何らかの処理を行い、その結果（戻り値）を返す一連の処理**を、関数と呼びます。関数の基本的構文は、次の通りです。

```
戻り値 = 関数(引数1, 引数2, 引数3, …)
```

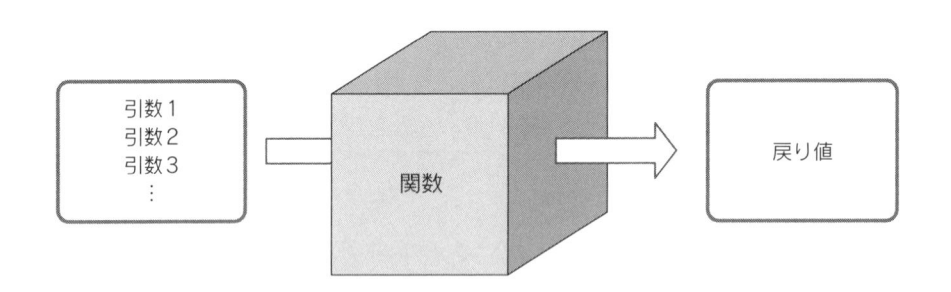

関数には通常、処理をするための元となるデータが必要です。この元となるデータを**引数（ひきすう）**と呼びます。たとえば、ある日付の曜日を知りたいとき、まず関数にいつの日付の曜日を知りたいのか教える必要があります。この場合、「日付」が引数になります。関数は、与えられたデータに対して何らかの処理を行います。そして、その結果のデータを返します。この返ってくるデータを**戻り値**と呼びます。先ほどの例では、「曜日」が戻り値になります。

引数には省略できるものと、省略できないものがあります。引数が複数あるときは、「,（カンマ）」で区切って引数を渡します。本書では、よく使用される引数だけを解説します。

> **memo**
> 関数には、あらかじめVBAによって用意されている関数のほかに、ユーザーが自由に作ることができる「ユーザー定義関数」があります。ユーザー定義関数については、「Access VBAスタンダード」にて詳しく解説します。

5-2 よく使う関数

関数は非常に多くの種類があり、すべての関数をここで解説することは不可能です。また、すべての関数を覚える必要もありません。関数には、頻繁に使用されるものと、めったに使用されないものがあります。ここでは、頻繁に使用される関数について解説します。

本章では**実習ファイル「B05.accdb」**を使用します。各関数のサンプルコードをモジュールに記述して、その動作を確認しましょう。

数値操作関数

「数値操作関数」とは、主に数値の編集に使われます。数値を切り捨てたり、四捨五入したりするときに使用します。VBEを起動して「数値操作関数」モジュールにコードを記述し、実行してください。

● Int関数／Fix関数

Int関数、Fix関数は数値の整数部分を返します。ともに引数の小数部分を切り捨てますが、負の数に対する動作が異なるので注意が必要です。

【書式】　Int（数値）
　　　　　Fix（数値）

```
Sub Test1()
    MsgBox Int(10.5)
    MsgBox Fix(10.5)
    MsgBox Int(-10.5)
    MsgBox Fix(-10.5)
End Sub
```

コードを実行すると、「10」「10」「-11」「-10」と4回メッセージが表示されます。引数が「-10.5」のとき、Int関数とFix関数で結果が異なります。これは、引数が負の数の場合、Int関数は絶対値が大きくなる方に、Fix関数は絶対値が小さくなる方に丸められるためです。

● Round関数

Round関数は、数値の小数部分を四捨五入した結果を返します。通常の四捨五入とは、丸める動作が異なるので注意が必要です。

【書式】 Round(数値, 丸める小数点の桁位置)

```
Sub Test2()
    MsgBox Round(2.15, 1)
    MsgBox Round(2.25, 1)
    MsgBox Round(2.35, 1)
    MsgBox Round(2.45, 1)
End Sub
```

コードを実行すると、「2.2」「2.2」「2.4」「2.4」と4回メッセージが表示されます。丸めの対象となる数値が「5」の場合、通常の四捨五入とは異なり、最も近い偶数に丸められます（銀行型の丸め）。それ以外は、通常の四捨五入と同じです。

● Rnd関数／Randomize関数

Rnd関数は、0以上1未満の範囲の乱数を返します。Randomize関数は乱数の初期値を変更します。

【書式】 Rnd(数値)
　　　　 Randomize(数値)

Rnd関数、Randomize関数の引数は省略できます。特別なケースを除いて、特に指定する必要はありません。

```
Sub Test3()
    Dim i As Long
    Randomize
    For i = 1 To 4
        MsgBox Int((Rnd * 6) + 1)
    Next i
End Sub
```

コードを実行すると、「1〜6」の範囲の整数が4回ランダムに表示されます。3行目の「Randomize」で乱数の初期値を変更するため、実行するたびに違う乱数が生成されます。5行目の「Int((Rnd * 6) + 1)」は、Int関数を利用することで、任意の範囲の整数を乱数として取

得できます。この場合は、1から6までの範囲の整数が返ります。

文字列操作関数

「文字列操作関数」とは、主に文字列の編集に使われます。文字列から必要な箇所を切り出したり、必要な形に整形するのに使用します。
「文字列操作関数」モジュールにコードを記述し、実行してください。

● Format 関数

Format 関数は、元になるデータを指定された書式に変換し、その結果を返します。Format 関数の返す値は、ローカルマシンの地域と言語のオプションに依存します。

【書式】 Format(元の値, 書式)

引数「書式」に指定する主な書式記号は、次の通りです。

記号	内容
#	1桁の数値を返す。#で指定した桁に数値が存在しない場合、0が入らない
0	1桁の数値を返す。0で指定した桁に数値が存在しない場合、0が入る
,	1000単位の区切り記号を返す
.	#または0と合わせて使い、小数点の位置を指定する
%	数値を100倍し、パーセント記号を付けて返す
yy	西暦年の下2桁を返す
yyyy	西暦年を4桁で返す
m	月の数値を返す。1桁の場合、先頭に0が付かない
mm	月の数値を返す。1桁の場合、先頭に0が付く
d	日の数値を返す。1桁の場合、先頭に0が付かない
dd	日の数値を返す。1桁の場合、先頭に0が付く
/	日付の区切り位置を指定する
aaa	日本語の曜日の先頭1文字を返す
aaaa	日本語の曜日を3文字で返す
ddd	英語の曜日の先頭3文字を返す
dddd	英語の曜日を返す
ww	1年のうちで何週目に当たるかを表す数値を返す
y	1年のうちで何日目に当たるかを表す数値を返す
q	1年のうちで何番目の四半期に当たるかを表す数値を返す
g	年号を示すアルファベットを返す

記号	内容
gg	年号の先頭1文字を返す
ggg	年号を返す
e	和暦年を返す。1桁の場合、先頭に0が付かない
ee	和暦年を返す。1桁の場合、先頭に0が付く
h	時の数値を返す。1桁の場合、先頭に0が付かない
hh	時の数値を返す。1桁の場合、先頭に0が付く
n	分の数値を返す。1桁の場合、先頭に0が付かない
nn	分の数値を返す。1桁の場合、先頭に0が付く
s	秒の数値を返す。1桁の場合、先頭に0が付かない
ss	秒の数値を返す。1桁の場合、先頭に0が付く
:	時刻の区切り位置を指定する
&	1つの文字を返す。&で指定した位置に文字が存在しない場合、スペースが入らない
@	1つの文字を返す。@で指定した位置に文字が存在しない場合、スペースが入る

```
Sub Test1()
    MsgBox Format(1234, "000,000円")
    MsgBox Format("ABCD", "@@@-@@@")
    MsgBox Format(#1/1/2020#, "ggge年m月d日")
    MsgBox Format(#1/1/2020#, "yyyy/mm/dd")
End Sub
```

コードを実行すると、「001,234円」「　A-BCD」「令和2年1月1日」「2020/01/01」と4回メッセージが表示されます。

> **memo**
>
> 「月」を表す「m」と「mm」の書式記号は、「h」や「hh」の直後に使用すると、「月」ではなく「分」と解釈されるので注意してください。

● StrConv関数

StrConv関数は、文字列を指定した形式に変換し、その結果を返します。

【書式】　StrConv(文字列, 文字種)

引数「文字種」に指定する主な定数は、次の通りです。

定数	内容
vbUpperCase	文字列を大文字に変換する
vbLowerCase	文字列を小文字に変換する
vbProperCase	文字列の各単語の先頭の文字を大文字に変換する
vbWide	文字列内の半角文字を全角文字に変換する
vbNarrow	文字列内の全角文字を半角文字に変換する
vbKatakana	文字列内のひらがなをカタカナに変換する
vbHiragana	文字列内のカタカナをひらがなに変換する
vbUnicode	文字列をシステムの既定のコードページからUnicodeに変換する
vbFromUnicode	文字列をUnicodeからシステムの既定のコードページに変換する

```
Sub Test2()
    MsgBox StrConv("abcde", vbUpperCase)
    MsgBox StrConv("abcde", vbProperCase)
    MsgBox StrConv("あいうえお", vbKatakana)
    MsgBox StrConv("アイウエオ", vbHiragana)
End Sub
```

コードを実行すると、「ABCDE」「Abcde」「アイウエオ」「あいうえお」と4回メッセージが表示されます。

● Left関数 / Right関数 / Mid関数

Left関数は、文字列の左から指定した数の文字列を、Right関数は、文字列の右から指定した数の文字列を、Mid関数は、文字列の指定した位置から指定した数の文字列を、それぞれ返します。

【書式】 Left(文字列, 文字数)
　　　　　 Right(文字列, 文字数)
　　　　　 Mid(文字列, 開始位置, 文字数)

```
Sub Test3()
    MsgBox Left("ABCDEFG", 3)
    MsgBox Right("ABCDEFG", 3)
    MsgBox Mid("ABCDEFG", 3, 3)
End Sub
```

コードを実行すると、「ABC」「EFG」「CDE」と3回メッセージが表示されます。

● Replace関数

Replace関数は、検索文字列に指定した文字列を、置換文字列に置き換えた結果を返します。

【書式】 Replace（文字列，検索文字列，置換文字列，開始位置，置換回数，比較方法）

それぞれの引数に対する、主な指定は次の通りです。

引数	定数	説明
文字列		元の値となる文字列を指定する
検索文字列		検索する文字列を指定する
置換文字列		置換する文字列を指定する
開始位置（省略可）		開始する位置。省略すると先頭から検索する
置換回数（省略可）		置換する回数。省略するとすべて置き換える
比較方法（省略可）	vbUseCompareOption（既定）	Option Compareステートメントの設定で比較を行う
	vbBinaryCompare	バイナリモードで比較を行う
	vbTextCompare	テキストモードで比較を行う
	vbDatabaseCompare	データベースに格納されている設定で比較を行う

```
Sub Test4()
    MsgBox Replace("1234567890", "456", "***")
    MsgBox Replace("1231231230", "123", "***", 3, 1)
End Sub
```

コードを実行すると、「123＊＊＊7890」「3＊＊＊1230」と2回メッセージが表示されます。

> **◆memo**
>
> 文字列の比較方法には、次の3種類があります。
>
> | モード | 説明 |
> |---|---|
> | バイナリモード | 大文字と小文字、半角と全角、ひらがなとカタカナが区別される |
> | テキストモード | 大文字と小文字、半角と全角、ひらがなとカタカナが区別されない |
> | データベースモード | データベースに格納されている設定に基づいて比較を行う |
>
> モジュールレベルで、文字列の比較方法を指定するには「Option Compare」ステートメントを使用します。Option Compareステートメントは「Option Compare Binary」または「Option Compare Text」または「Option Compare Database」のいずれかを、モジュールの宣言セクションに記述します。

● InStr 関数

InStr 関数は、文字列の中から検索文字列を検索し、見つかった位置を返します。

【書式】 InStr (開始位置, 文字列, 検索文字列, 比較方法)

それぞれの引数に対する、主な指定は次の通りです。

引数	説明
開始位置（省略可）	開始する位置。省略すると先頭から検索する
文字列	元の値となる文字列を指定する
検索文字列	検索する文字列を指定する
比較方法（省略可）	※ Replace 関数と同じ

```
Sub Test5()
    MsgBox InStr("1234567890", "456")
    MsgBox InStr(2, "1231231230", "123")
End Sub
```

コードを実行すると、「4」「4」と2回メッセージが表示されます。

● LCase 関数 /UCase 関数

LCase 関数は、大文字のアルファベットを小文字にします。UCase 関数は、小文字のアルファベットを大文字にします。

【書式】 LCase (文字列)
　　　　 UCase (文字列)

```
Sub Test6()
    MsgBox LCase("C:\Windows")
    MsgBox UCase("C:\Windows")
End Sub
```

コードを実行すると、「c:\windows」「C:\WINDOWS」と2回メッセージが表示されます。

● Len 関数 /LenB 関数

Len関数は、文字列の文字数を返します。LenB関数は、文字列のバイト数を返します。

【書式】　Len(文字列)
　　　　　LenB(文字列)

```
Sub Test7()
    MsgBox Len("1234567890")
    MsgBox LenB("1234567890")
End Sub
```

コードを実行すると、「10」「20」と2回メッセージが表示されます。

> **memo**
>
> Len関数、LenB関数は全角文字と半角文字を区別しません。同じ1文字（2バイト）としてカウントします。たとえば、
>
> 　LenB("１２　３４")
>
> は「8」が返ります。これは、Unicodeが全角／半角を区別せずに同じ2バイトとして扱うからです。このときStrConv関数を利用し、システム既定のコードページに変換することで、全角は2バイト、半角は1バイトのバイト数を取得することができます。先ほどの例を
>
> 　LenB(StrConv("１２　３４", vbFromUnicode))
>
> と記述した場合、「6」が返ります。

● Trim 関数 /LTrim 関数 /RTrim 関数

LTrim関数は、文字列の左側にあるスペースを削除します。RTrim関数は、文字列の右側にあるスペースを削除します。Trim関数は、文字列の両側にあるスペースを削除します。また、削除されるスペースには、全角／半角の区別はありません。

【書式】　LTrim(文字列)
　　　　　RTrim(文字列)
　　　　　Trim(文字列)

```
Sub Test8()
    Dim MyString As String
    MyString = RTrim(" 123 ")
    MyString = MyString & LTrim(" 456 ")
    MyString = MyString & Trim(" 789 ")
```

```
    MsgBox "*" & MyString & "*"
End Sub
```

コードを実行すると、「*　123456　789 *」とメッセージが表示されます。

> **◆memo**
> LTrim関数、RTrim関数、Trim関数はいずれも、文字列の中のスペースを削除することはできません。文字列の中のスペースを取り除きたいときは、Replace関数で「" "（スペース）」を「""（空の文字列）」に置き換えます。

● String関数 / Space関数

String関数は、指定した数の文字からなる文字列を返します。Space関数は、指定した数のスペースからなる文字列を返します。

【書式】　String（文字数, 文字）
　　　　　Space（文字数）

```
Sub Test9()
    Dim MyString As String
    MyString = String(3, "A")
    MyString = MyString & Space(3)
    MsgBox "*" & MyString & "*"
End Sub
```

コードを実行すると、「* AAA　*」とメッセージが表示されます。

● Split関数 / Join関数

Split関数は、文字列を区切って1次元配列を作ります。Join関数は、要素が文字列の1次元配列を結合します。

【書式】　Split（文字列, 区切り文字, 区切る数, 比較方法）
　　　　　Join（1次元配列, 区切り文字）

それぞれの関数の引数に対する、主な指定は次の通りです。

【Split関数の引数】

引数	説明
文字列	元の値となる文字列を指定する
区切り文字（省略可）	区切り文字。省略するとスペースが区切り文字になる
区切る数（省略可）	配列に区切る数。省略すると要素数は無制限になる
比較方法（省略可）	※Replace関数と同じ

【Join関数の引数】

引数	説明
1次元配列	要素が文字列の1次元配列を指定する
区切り文字（省略可）	区切り文字。省略するとスペースが区切り文字になる

```
Sub Test10()
    Dim MyString As Variant
    MyString = Split("123,456,789", ",")
    MsgBox Join(MyString, "/")
End Sub
```

コードを実行すると、「123/456/789」とメッセージが表示されます。コード3行目

```
Split("123,456,789", ",")
```

で文字列「123,456,789」が、3つの要素に分けられてバリアント型変数「MyString」に格納されます。4行目

```
Join(MyString, "/")
```

で、配列「MyString」の3つの要素が「/」を区切り文字に再び結合され、文字列「123/456/789」がメッセージとして表示されます。

日付操作関数

「日付操作関数」とは、主に日付の編集に使われます。ある日時からある日時までの期間を求めたり、現在の日付を求めるときに使用します。
「日付操作関数」モジュールにコードを記述し、実行してください。

● Date関数/Time関数/Now関数

Date関数は現在の日付を、Time関数は現在の時刻を、Now関数は現在の日付と時刻を、それぞれ返します。

【書式】 Date
Time
Now

Date関数、Time関数、Now関数には引数がありません。

```
Sub Test1()
    MsgBox Date
    MsgBox Time
    MsgBox Now
End Sub
```

コードを実行すると、「20XX/XX/XX（現在の日付）」「XX:XX:XX（現在の時刻）」「20XX/XX/XX XX:XX:XX（現在の日付と時刻）」と3回メッセージが表示されます。

> **◇memo**
>
> Accessの内部では、日付や時刻のデータは「シリアル値」と呼ばれる数値で記録されています。シリアル値は、整数部分が日付、小数部分が時刻を表します。整数部分は1899年12月31日からの日数を、小数部分は1日を1として午前0時からどのくらい時間が経過したかを表します。

● Year関数/Month関数/Day関数

Year関数は、日付から年を、Month関数は、日付から月を、Day関数は、日付から日を、それぞれ返します。

【書式】 Year（日付）
Month（日付）
Day（日付）

```
Sub Test2()
    MsgBox Year(#1/31/2019#)
    MsgBox Month(#1/31/2019#)
    MsgBox Day(#1/31/2019#)
End Sub
```

コードを実行すると、「2019」「1」「31」と3回メッセージが表示されます。

● Hour 関数 / Minute 関数 / Second 関数

Hour関数は時刻から時を、Minute関数は時刻から分を、Second関数は時刻から秒を、それぞれ返します。

【書式】　Hour（時刻）
　　　　　Minute（時刻）
　　　　　Second（時刻）

```
Sub Test3()
    MsgBox Hour(Time)
    MsgBox Minute(Time)
    MsgBox Second(Time)
End Sub
```

コードを実行すると、現在の時、分、秒が3回メッセージで表示されます。

● Weekday 関数 / WeekdayName 関数

Weekday関数は、日付に対応する曜日を数値で返します。WeekdayName関数は、その数値を曜日名に変換します。

【書式】　Weekday（日付）
　　　　　WeekdayName（曜日を表す数値，曜日名の省略）

WeekdayName関数の引数「曜日名の省略」は省略できます。省略すると「False」が設定されます。「曜日名の省略」に「True」を設定すると省略した曜日名を、「False」を設定すると通常の曜日名を、それぞれ返します。

```
Sub Test4()
    MsgBox Weekday(#1/1/2019#)
    MsgBox WeekdayName(Weekday(#1/1/2019#))
End Sub
```

コードを実行すると、「3」「火曜日」と2回メッセージが表示されます。

● DateAdd 関数

DateAdd関数は、日付や時刻に加算・減算した結果を返します。

【書式】 DateAdd(時間単位, 加算減算する時間, 日時)

それぞれの引数に対する、主な指定は次の通りです。

引数	説明
時間単位	加算・減算する時間単位を指定する
加算減算する時間	加算・減算する時間。負の数は減算になる
日時	元になる値の日付を指定する

引数「時間単位」に指定する設定値は次の通りです。

設定値	内容
yyyy	年
m	月
y	年間通算日
d	日
w	週日
ww	週
h	時
n	分
s	秒

```
Sub Test5()
    MsgBox DateAdd("yyyy", 1, #1/1/2019#)
    MsgBox DateAdd("yyyy", -1, #1/1/2019#)
    MsgBox DateAdd("m", 1, #1/1/2019#)
    MsgBox DateAdd("d", -1, #1/1/2019#)
End Sub
```

コードを実行すると、「2020/01/01」「2018/01/01」「2019/02/01」「2018/12/31」と4回メッセージが表示されます。

● DateDiff 関数

DateDiff関数は、指定した2つの日付・時刻の間隔を返します。

【書式】 DateDiff(時間単位, 日付1, 日付2)

それぞれの引数に対する、主な指定は次の通りです。

引数	説明
時間単位	※ DateAdd 関数と同じ
日付1	間隔を計算する1つ目の日付を指定する
日付2	間隔を計算する2つ目の日付を指定する

```
Sub Test6()
    MsgBox DateDiff("yyyy", #1/1/2019#, #1/1/2020#)
    MsgBox DateDiff("m", #1/1/2019#, #1/1/2020#)
    MsgBox DateDiff("d", #1/1/2019#, #1/1/2020#)
End Sub
```

コードを実行すると、「1」「12」「365」と3回メッセージが表示されます。

● DatePart 関数

DatePart関数は、日付・時刻から時間単位を取り出して返します。

【書式】 DatePart(時間単位, 日時)

それぞれの引数に対する、主な指定は次の通りです。

引数	説明
時間単位	※DateAdd 関数と同じ
日時	元になる値の日付を指定する

```
Sub Test7()
    MsgBox DatePart("yyyy", #1/31/2019#)
    MsgBox DatePart("m", #1/31/2019#)
    MsgBox DatePart("d", #1/31/2019#)
End Sub
```

コードを実行すると、「2019」「1」「31」と3回メッセージが表示されます。

● DateSerial 関数

DateSerial 関数は、指定した年・月・日に対応する数値から日付を返します。

【書式】 DateSerial(年, 月, 日)

```
Sub Test8()
    MsgBox DateSerial(2019, 1, 31)
End Sub
```

コードを実行すると、「2019/01/31」とメッセージが表示されます。

● Timer 関数

Timer 関数は、午前 0 時からの経過時間を返します。

【書式】 Timer

```
Sub Test9()
    Dim MyTime As Single
    MyTime = Timer
    MsgBox "OKをクリックしてください"
    MsgBox "実行してからOKをクリックするまでに" & _
           Round(Timer - MyTime, 2) & "秒かかりました"
End Sub
```

コードを実行すると、「OKをクリックしてください」とメッセージが表示されます。[OK] ボタンをクリックすると、「実行してからOKをクリックするまでにX.XX 秒かかりました」と経過時間が表示されます。コードの3行目で変数「MyTime」に現在の経過時間を格納します。5行目の

```
Round(Timer - MyTime, 2)
```

で、先ほど経過時間を格納した変数「MyTime」の値を、現在の経過時間から引きます。そのため、コードの3行目から5行目を実行するまでにかかった時間が算出され、メッセージとして表示されます。なお、Timer関数の戻り値はSingle型になるため、Round関数で小数点第2位までを表示させています。

定義域集計関数

「定義域集計関数」とは、主にデータベースの集計に使われます。テーブルの中から最大値のレコードを抽出したり、あるフィールドの合計値を求めるときに使用します。

「定義域集計関数」モジュールにコードを記述し、実行してください。

● DSum 関数

DSum関数は、テーブルやクエリの、あるフィールドに対する合計値を返します。合計の対象となるレコードの抽出条件を指定することもできます。

【書式】 DSum（フィールド名，テーブル名，抽出条件）

引数「抽出条件」は省略できます。省略すると、全レコードが対象になります。

```
Sub Test1()
    MsgBox DSum("年齢", "社員名簿")
    MsgBox DSum("年齢", "社員名簿", "年齢 >= 50")
End Sub
```

コードを実行すると、「190」「110」と2回メッセージが表示されます。実際に［社員名簿］テーブルを開いて確認してください。

DSum(" 年齢", " 社員名簿")

では、抽出条件が省略されているため全レコードが合計の対象になります。全社員の年齢の合計は「190」になります。

DSum(" 年齢", " 社員名簿", " 年齢 >= 50")

では、抽出条件に［年齢］フィールドが50以上という条件が指定されています。50歳以上の社員は2人しかいないので、年齢の合計は「110」になります。

● DCount 関数

DCount関数は、テーブルやクエリに含まれるレコード数を返します。集計の対象となるレコードの抽出条件を指定することもできます。

【書式】 DCount（フィールド名，テーブル名，抽出条件）

引数「抽出条件」は省略できます。省略すると、全レコードが対象になります。

```
Sub Test2()
    MsgBox DCount("年齢", "社員名簿")
    MsgBox DCount("年齢", "社員名簿", "年齢 < 50")
End Sub
```

コードを実行すると、「5」「3」と2回メッセージが表示されます。

　DCount(" 年齢", " 社員名簿")

は、抽出条件が省略されているため全レコードが集計の対象となります。全社員の人数は「5」です。

　DCount(" 年齢", " 社員名簿", " 年齢 < 50")

では、抽出条件に［年齢］フィールドが50未満という条件が指定されています。50歳未満の社員は3人なので、「3」が表示されます。

> **memo**
>
> 引数「フィールド名」で指定したフィールドにNull値を含むレコードがある場合、そのレコードはカウントされません。
> また、引数「フィールド名」に「＊（ワイルドカード文字）」を指定すると、レコードの総数を求めることができます。たとえば「DCount("＊", " 社員名簿")」は、［社員名簿］テーブルにある、Null値のレコードも含めたすべてのレコード数を返します。

● DLookup 関数

DLookup関数は、テーブルやクエリからレコードを検索し、指定したフィールドの値を返します。

　【書式】 DLookup(フィールド名, テーブル名, 抽出条件)

引数「抽出条件」は省略できます。省略すると、全レコードが対象になります。

```
Sub Test3()
    MsgBox DLookup("社員名", "社員名簿", "社員番号 = 1002")
    MsgBox DLookup("年齢", "社員名簿", "社員番号 = 1002")
End Sub
```

コードを実行すると、「伊藤一郎」「50」と2回メッセージが表示されます。

```
DLookup(" 社員名", " 社員名簿", " 社員番号 = 1002")
```

は、抽出条件に［社員番号］フィールドが「1002」であるという条件が指定されています。社員番号が「1002」の社員の「社員名」を返すため、「伊藤一郎」が表示されます。

```
DLookup(" 年齢", " 社員名簿", " 社員番号 = 1002")
```

では、社員番号が「1002」の社員の「年齢」を返すため、「50」が表示されます。

> **◉memo**
> 引数「抽出条件」を省略したり、1レコードに絞り込めない抽出条件を指定すると、対象レコードの中から先頭のレコードが選ばれます。その結果、意図しない値が返ることがあるので注意してください。

● DMax 関数 /DMin 関数

DMax関数は、テーブルやクエリの指定したフィールドの最大値を、DMin関数は、最小値を返します。

```
【書式】 DMax(フィールド名, テーブル名, 抽出条件)
        DMin(フィールド名, テーブル名, 抽出条件)
```

引数「抽出条件」は省略できます。省略すると、全レコードが対象になります。

```
Sub Test4()
    MsgBox DMax("年齢", "社員名簿")
    MsgBox DMin("年齢", "社員名簿")
End Sub
```

コードを実行すると、「60」「20」と2回メッセージが表示されます。［社員名簿］テーブルの［年齢］フィールドの最大値と最小値を表示しています。

● DFirst 関数 /DLast 関数

DFirst関数は、データが格納された順番で先頭のレコードを、DLast関数は、データが格納された順番で最後のレコードを返します。

```
【書式】 DFirst(フィールド名, テーブル名, 抽出条件)
        DLast(フィールド名, テーブル名, 抽出条件)
```

引数「抽出条件」は省略できます。省略すると、全レコードが対象になります。

```
Sub Test5()
    MsgBox DFirst("社員番号", "社員名簿")
    MsgBox DLast("社員番号", "社員名簿")
End Sub
```

コードを実行すると、「1001」「1005」と2回メッセージが表示されます。［社員名簿］テーブルにデータが格納された順番で、先頭と最後のレコードの［社員番号］フィールドを表示しています。

変換関数

「変換関数」とは、主にデータの型の変換に使われます。
「変換・評価関数」モジュールにコードを記述し、実行してください。

● CStr 関数 /CInt 関数 /CLng 関数 /CDate 関数

CStr 関数は、元になるデータを文字列に、CInt関数は、元になるデータを整数に、CLng関数は、元になるデータを長整数に、CDate関数は、元になるデータを日付に、それぞれ変換します。

【書式】 CStr（元の値）
CInt（元の値）
CLng（元の値）
CDate（元の値）

```
Sub Test1()
    MsgBox CStr(123456)
    MsgBox CInt(100.1)
    MsgBox CLng(100000.1)
    MsgBox CDate("平成30年1月1日")
End Sub
```

コードを実行すると、「123456」「100」「100000」「2018/01/01」と4回メッセージが表示されます。「123456」は、数値ではなく文字列として表示されています。「100」と「100000」はInteger型、Long型にそれぞれ変換したため小数部が丸められました。「2018/01/01」は「平成30年1月1日」の文字列をDate型に変換したため、日付として表示されています。

● Nz 関数

Nz関数は、Null値を指定した値に変換します。

【書式】 Nz（元の値，変換する値）

引数「変換する値」は省略できます。省略するとコンテキスト（文脈）に応じて数値の「0」または「""（空の文字列）」になります。

```
Sub Test2()
    Dim MyValue As Variant
    MyValue = Null
    MsgBox 100 + Nz(MyValue, 0)
End Sub
```

コードを実行すると、「100」のメッセージが表示されます。コード3行目でVariant型変数「MyValue」にNull値を格納しました。4行目

```
100 + Nz(MyValue, 0)
```

で、変数「MyValue」の値がNull値のためNz関数は「0」を返します。そのため、「100 + 0」となり、「100」が表示されます。

評価関数

「評価関数」とは、主にデータの型などを調べ評価するときに使われます。
「変換・評価関数」モジュールにコードを記述し、実行してください。

● IsNull 関数 / IsNumeric 関数 / IsDate 関数

IsNull関数は、元となるデータがNull値かどうか、IsNumeric関数は、元となるデータが数値かどうか、IsDate関数は、元となるデータが日付かどうか、それぞれ調べ結果を返します。

【書式】　IsNull(元の値)
　　　　　IsNumeric(元の値)
　　　　　IsDate(元の値)

```
Sub Test3()
    Dim MyValue As Variant
    MyValue = Null
    MsgBox IsNull(MyValue)
    MyValue = "ABCDE"
    MsgBox IsNumeric(MyValue)
    MyValue = #1/31/2019#
    MsgBox IsDate(MyValue)
End Sub
```

コードを実行すると、「True」「False」「True」と3回メッセージが表示されます。

```
MyValue = Null
```

で変数「MyValue」にNull値を格納したため、「IsNull(MyValue)」は「True」を返します。

```
MyValue = "ABCDE"
```

と変数「MyValue」に文字列を格納したため、「IsNumeric(MyValue)」は「False」を返します。

```
MyValue = #1/31/2019#
```

と変数「MyValue」に日付を格納したため、「IsDate(MyValue)」は「True」を返します。

その他の関数

他にも、覚えておくと便利な関数があります。その中でも特に重要なものを解説します。
「その他の関数」モジュールにコードを記述し、実行してください。

● MsgBox 関数

MsgBox関数は、指定した文字列を画面に表示します。また、アイコンを表示したり、ユーザー
が選択できるボタンを表示することができます。

【書式】　MsgBox(メッセージ, ボタン, タイトル)

それぞれの引数に対する、主な指定は次の通りです。

引数	定数	説明
メッセージ		メッセージとして表示される文字列を指定する
ボタン（省略可）	vbOKOnly（既定）	[OK] ボタンを表示する
	vbOKCancel	[OK] [キャンセル] の2つのボタンを表示する
	vbAbortRetryIgnore	[中止] [再試行] [無視] の3つのボタンを表示する
	vbYesNoCancel	[はい] [いいえ] [キャンセル] の3つのボタンを表示する
	vbYesNo	[はい] [いいえ] の2つのボタンを表示する
	vbRetryCancel	[再試行] [キャンセル] の2つのボタンを表示する
タイトル（省略可）		タイトルとして表示される文字列を指定する

引数「ボタン」に次の定数を加算することで、表示するアイコンを指定することができます。その場合は、定数どうしを+演算子で加算します。

定数	アイコン
vbCritical	✖ 警告メッセージアイコンを表示する
vbQuestion	❓ 問い合わせメッセージアイコンを表示する
vbExclamation	⚠ 注意メッセージアイコンを表示する
vbInformation	❶ 情報メッセージアイコンを表示する

MsgBox関数は、ユーザーがクリックしたボタンの結果を返します。MsgBox関数が返す定数は次の通りです。

定数	押されたボタン
vbOK	[OK] ボタン
vbCancel	[キャンセル] ボタン
vbAbort	[中止] ボタン
vbRetry	[再試行] ボタン
vbIgnore	[無視] ボタン
vbYes	[はい] ボタン
vbNo	[いいえ] ボタン

> **💬 memo**
> MsgBox関数の結果を利用するときは、引数全体を「() （カッコ）」で囲みます。結果を利用しないときは、「()」で囲みません。

```
Sub Test1()
    If MsgBox("どちらかを選択してください", vbYesNo + vbInformation) = vbYes Then
        MsgBox "「はい」が選択されました", vbExclamation
    Else
        MsgBox "「いいえ」が選択されました", vbCritical
    End If
End Sub
```

コードを実行すると、[はい] ボタンと [いいえ] ボタンの2つのボタンを持つ次のメッセージ
が表示されます。

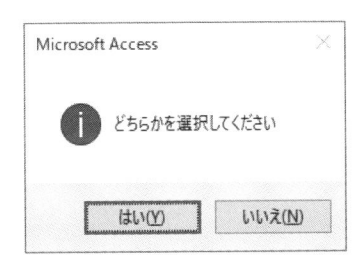

このとき、[はい] ボタンをクリックすると、コードの2行目のMsgBox 関数は、定数「vbYes」
を返します。[いいえ] ボタンをクリックすると、定数「vbNo」を返します。あとは、Ifステー
トメントが条件分岐し、"「はい」が選択されました"、または"「いいえ」が選択されました"、
のメッセージを表示させます。

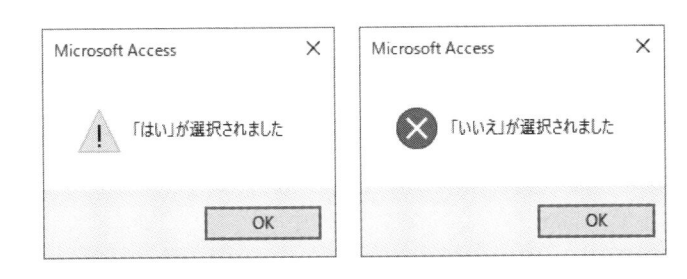

● InputBox関数
InputBox関数は、ユーザーからの入力を受け付けるダイアログボックスを表示し、入力された
文字列を返します。

【書式】 InputBox(メッセージ, タイトル, 初期値, 左端座標, 上端座標)

引数	説明
メッセージ	メッセージとして表示される文字列を指定する
タイトル（省略可）	タイトルとして表示される文字列を指定する
初期値（省略可）	あらかじめ入力欄にセットされる文字列を指定する
左端座標（省略可）	ダイアログボックスの左端座標。省略すると画面中央に表示される
上端座標（省略可）	ダイアログボックスの上端座標。省略すると画面中央に表示される

```
Sub Test2()
    Dim MyString As String
    MyString = InputBox("名前を入力してください", "名前の入力", "ゲストさん")
    If MyString = "" Then
        MsgBox "名前が入力されていないか、キャンセルされました"
    ElseIf MyString = "ゲストさん" Then
        MsgBox MyString & "、ようこそ"
    Else
        MsgBox MyString & "さん、ようこそ"
    End If
End Sub
```

コードを実行すると、次のダイアログボックスが表示されます。

［キャンセル］ボタンをクリックすると、空の文字列が返るため、変数「MyString」には「""（空の文字列）」が格納されます。何も入力せずに、［OK］ボタンをクリックすると、初期値である「ゲストさん」が変数「MyString」に格納されます。名前を入力して、［OK］ボタンをクリックすると、入力された名前が変数「MyString」に格納されます。あとは、Ifステートメントが条件分岐し、メッセージを表示させます。

> **◎ memo**
>
> InputBox関数が返す値は、あくまでString型の文字列です。数値を入力させるときは、変数に格納する前に、CLng関数などで明示的に型変換を行う方が、よりエラーの少ないコードになります。

●Array関数

Array関数は、指定された要素からバリアント型の配列を作ります。

【書式】 Array（要素1，要素2，要素3，…）

```
Sub Test3()
    Dim MyValue As Variant
    Dim i As Long
    MyValue = Array("A", "B", "C")
    For i = 0 To 2
        MsgBox i + 1 & "番目の要素は" & MyValue(i)
    Next i
End Sub
```

コードを実行すると、「1番目の要素はA」「2番目の要素はB」「3番目の要素はC」と3回メッセージが表示されます。

```
MyValue = Array("A", "B", "C")
```

で、バリアント型変数「MyValue」に3つの要素を持つ配列が作られます。このとき「MyValue(0)」には「A」が、「MyValue(1)」には「B」が、「MyValue(2)」には「C」が、それぞれ格納されます。あとは、For...Nextステートメントで、配列のそれぞれの要素を取り出しメッセージで表示させます。

> **◆memo**
> Array関数で配列を作る場合、対象となるバリアント型変数は配列として宣言しません。

●LBound関数／UBound関数

LBound関数は、配列のインデックス番号の下限を、UBound関数は、配列のインデックス番号の上限を、それぞれ返します。

【書式】 LBound（配列）
　　　　 UBound（配列）

```
Sub Test4()
    Dim MyValue As Variant
    Dim i As Long
    MyValue = Array("A", "B", "C")
```

次ページへ続く

```
    For i = LBound(MyValue) To UBound(MyValue)
        MsgBox i + 1 & "番目の要素は" & MyValue(i)
    Next i
End Sub
```

コードを実行すると、「Test3」プロシージャと同じ処理を行います。配列「MyValue」には3つの要素が格納されています。このとき、インデックス番号の最小値は「0」で最大値は「2」です。「Test3」プロシージャでは、直接数値で指定していたFor...Nextステートメントの開始値と終了値を、LBound関数、UBound 関数によって配列から取得しています。これにより、配列「MyValue」に格納される要素数が増減しても、For...Nextステートメントに変更を加えることなく処理ができるようになりました。

● IIf関数
IIf関数は、指定した条件の評価によって異なる値を返します。

【書式】 IIf(条件式, 真の値, 偽の値)

```
Sub Test5()
    MsgBox IIf(Hour(Now) < 12, "午前です", "午後です")
End Sub
```

コードを実行すると、現在の時刻によって「午前です」または「午後です」のメッセージが表示されます。

重要

IIf 関数は、条件式の真偽にかかわらず**「真の値」と「偽の値」の両方を評価します。**ですので、次のようなケースには使用できません。

```
    MsgBox IIf(MyNumber = 0, 0, 100 / MyNumber)
```

このコードは、変数「MyNumber」の値が0のとき0除算エラーが発生するため、条件式「MyNumber = 0」で処理を分岐させています。しかしIIf関数は真の値と偽の値の両方を評価するため、たとえ変数「MyNumber」が0 でも「100 /MyNumber」つまり「100 / 0」の評価を行ってしまい、0除算エラーが発生します。

これで第5章の実習を終了します。実習ファイル「B05.accdb」を閉じ、Access を終了します。[オブジェクトの保存] ダイアログボックスが表示されるので [はい] ボタンをクリックし、オブジェクトの変更を保存します。

6

DoCmd オブジェクト

この章では、Access のデータベースオブジェクトを VBA から操作する方法について解説します。これにより、Access で独自の業務用アプリケーションを開発することが可能になります。

6-1 DoCmdオブジェクトとは

第2章で解説したように、Accessには様々なデータベースオブジェクトが存在します。これらデータベースオブジェクトを、VBAから操作・制御するために用意されたオブジェクトが**DoCmdオブジェクト**です。DoCmdオブジェクトには60種類以上のメソッドが用意されており、Accessで行えるほとんどのアクションを実行することが可能です。

DoCmdの基本的な記述の方法は次の通りです。

DoCmd.メソッド 引数1, 引数2, 引数3…

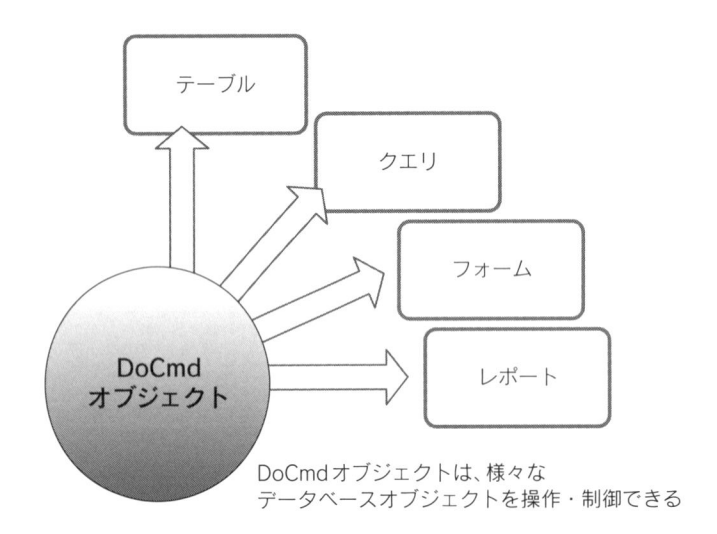

DoCmdオブジェクトは、様々な
データベースオブジェクトを操作・制御できる

> **memo**
>
> DoCmdオブジェクトの引数は関数と同じく、省略できるものと、省略できないものがあります。省略可能な引数を省略した場合、引数は固有の既定値を取ります。また引数については、よく使用されるものだけを解説します。

6-2 DoCmdオブジェクトの主なメソッド

ここではDoCmdオブジェクトの中でも、特に使用頻度の高いメソッドについて解説します。
本章では**実習ファイル「B06.accdb」**を使用します。「DoCmdオブジェクト」モジュールをダブルクリックして開き、各メソッドのサンプルコードを記述して、その動作を確認しましょう。

基本操作

ここではフォームやレポートを開く、閉じる、保存するなど、データベースオブジェクトに対する基本的な操作について解説します。

● OpenTableメソッド／OpenQueryメソッド／OpenFormメソッド／OpenReportメソッド

OpenTableメソッドはテーブルを、OpenQueryメソッドはクエリを、OpenFormメソッドはフォームを、OpenReportメソッドはレポートを、それぞれ開きます。

【書式】　DoCmd.OpenTable テーブル名, ビュー, データモード
　　　　　DoCmd.OpenQuery クエリ名, ビュー, データモード
　　　　　DoCmd.OpenForm フォーム名, ビュー, フィルタ名, フィルタ条件式,
　　　　　　　　　　　　　データモード, ウィンドウモード, OpenArgs
　　　　　DoCmd.OpenReport レポート名, ビュー, フィルタ名, フィルタ条件式,
　　　　　　　　　　　　　　ウィンドウモード, OpenArgs

それぞれのメソッドの引数に対する、主な指定は次の通りです。

【OpenTable メソッドの引数】

引数	定数	説明
テーブル名		開くテーブル名
ビュー（省略可）	acViewNormal（既定）	データシートビューで開く
	acViewDesign	デザインビューで開く
	acViewPreview	印刷プレビューで開く
データモード（省略可）	acAdd	追加モードで開く
	acEdit（既定）	編集モードで開く
	acReadOnly	読み取り専用モードで開く

【OpenQuery メソッドの引数】

引数	説明
クエリ名	開くクエリ名
ビュー（省略可）	※OpenTable メソッドと同じ
データモード（省略可）	※OpenTable メソッドと同じ

【OpenForm メソッドの引数】

引数	定数	説明
フォーム名		開くフォーム名
ビュー（省略可）	acNormal（既定）	フォームビューで開く
	acDesign	デザインビューで開く
	acPreview	印刷プレビューで開く
	acFormDS	データシートビューで開く
	acLayout	レイアウトビューで開く
フィルタ名（省略可）		クエリ名を文字列で指定する
フィルタ条件式（省略可）		SQLを文字列式で指定する
データモード（省略可）	acFormPropertySettings（既定）	フォームのプロパティに依存する
	acFormAdd	追加モードで開く
	acFormEdit	編集モードで開く
	acFormReadOnly	読み取り専用モードで開く
ウィンドウモード（省略可）	acWindowNormal（既定）	通常の状態で開く
	acHidden	非表示状態で開く
	acIcon	最小化された状態で開く
OpenArgs（省略可）		開くときに渡す文字列を指定する

【OpenReport メソッドの引数】

引数	定数	説明
レポート名		開くレポート名
ビュー（省略可）	acViewNormal（既定）	レポートをすぐに印刷する
	acViewDesign	デザインビューで開く
	acViewPreview	印刷プレビューで開く
	acViewReport	レポートビューで開く
	acViewLayout	レイアウトビューで開く
フィルタ名（省略可）		クエリ名を文字列で指定する
フィルタ条件式（省略可）		SQLを文字列式で指定する
ウィンドウモード（省略可）		※OpenForm メソッドと同じ
OpenArgs（省略可）		開くときに渡す文字列を指定する

```
Sub Test1()
    DoCmd.OpenTable "T社員名簿", acViewNormal, acReadOnly
    MsgBox "「T社員名簿」テーブルを読み取り専用モードで開きました"
    DoCmd.OpenForm "F社員名簿", acNormal, , , acFormAdd
    MsgBox "「F社員名簿」フォームを追加モードで開きました"
    DoCmd.OpenReport "R社員名簿", acViewPreview
    MsgBox "「R社員名簿」レポートを印刷プレビューで開きました"
End Sub
```

コードを実行すると、[T社員名簿] テーブル、[F社員名簿] フォーム、[R社員名簿] レポートをそれぞれ開きます。[T社員名簿] テーブルは読み取り専用モードで開いたため、データの編集はできません。[F社員名簿] フォームは、追加モードで開いたため既存のデータは表示されず、最初から新規レコードの入力状態になっています。[R社員名簿] レポートは印刷プレビューで開いたため、プレビュー表示になっています。

● SelectObject メソッド

SelectObject メソッドは、指定したデータベースオブジェクトを選択してアクティブにします。

【書式】 DoCmd.SelectObject オブジェクトの種類, オブジェクト名,
　　　　　　　　ナビゲーションでの選択

それぞれの引数に対する、主な指定は次の通りです。

引数	定数	説明
オブジェクトの種類	acTable	テーブルを対象とする
	acQuery	クエリを対象とする
	acForm	フォームを対象とする
	acReport	レポートを対象とする
オブジェクト名		選択するオブジェクトの名前を指定する
ナビゲーションでの選択（省略可）	True	ナビゲーションウィンドウ上で選択する
	False（既定）	開いているオブジェクトのみ選択する

```
Sub Test2()
    DoCmd.SelectObject acForm, "F社員名簿"
    MsgBox " [F社員名簿] フォームが選択されています"
End Sub
```

コードを実行する前に、アクティブなウィンドウを [F社員名簿] フォーム以外にしてください。
コードを実行すると、[F社員名簿] フォームがアクティブになります。

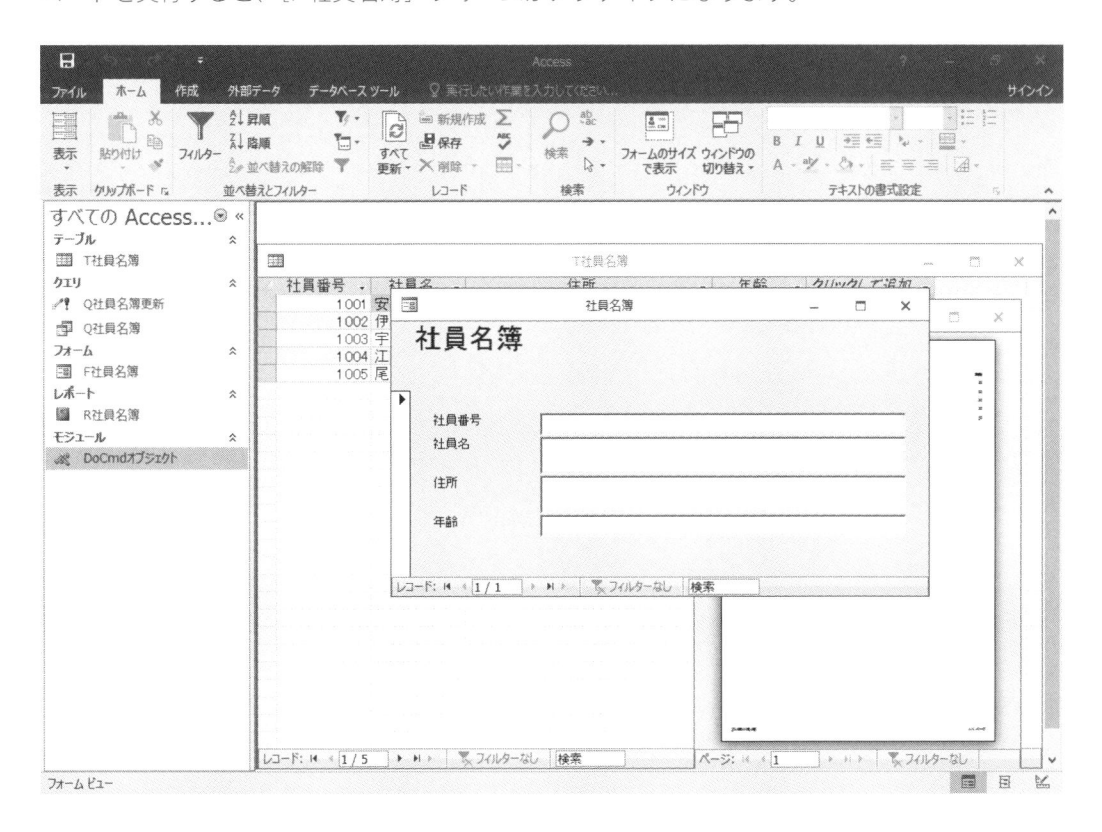

引数「ナビゲーションでの選択」に「True」を指定した場合のみ、引数「オブジェクト名」を
省略することができます。

● GoToControl メソッド

GoToControl メソッドは、指定したフィールドまたはコントロールにフォーカスを移動します。

【書式】 DoCmd.GoToControl コントロール名

```
Sub Test3()
    DoCmd.SelectObject acForm, "F社員名簿"
    DoCmd.GoToControl "社員名"
    MsgBox "[社員名] コントロールにフォーカスが移りました"
End Sub
```

コードを実行すると、[F社員名簿] フォームの [社員名] コントロールにフォーカスが移ります。

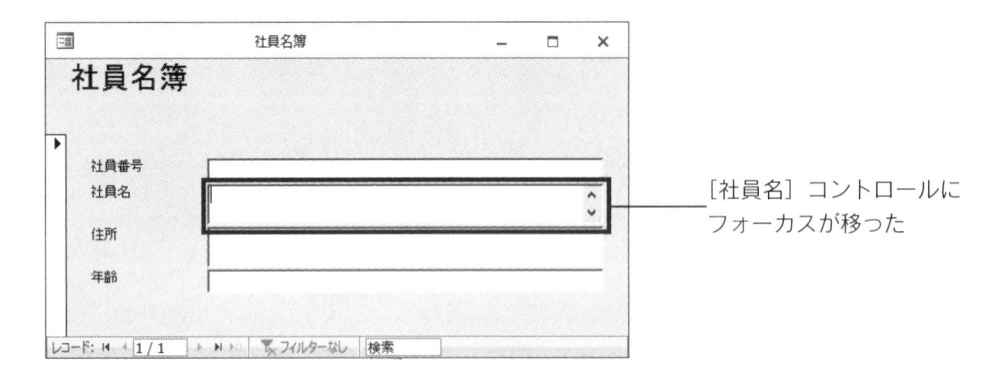

[社員名] コントロールに
フォーカスが移った

GoToControlメソッドは、テーブルやフォーム内のフィールドまたはコントロールにフォーカスを移動させることができます。フォームのコントロールにフォーカスを移動する場合、「SetFocus」メソッドを使用しても同じ処理を行うことができます。SetFocusメソッドは、「7-2 コントロールの操作」で詳しく解説します。

● Maximize メソッド／Minimize メソッド／Restore メソッド

Maximizeメソッドは、アクティブウィンドウを最大化して表示します。Minimizeメソッドは、アクティブウィンドウを最小化して表示します。Restoreメソッドは、アクティブウィンドウを元のサイズに戻します。

【書式】　DoCmd.Maximize
　　　　　DoCmd.Minimize
　　　　　DoCmd.Restore

Maximizeメソッド、Minimizeメソッド、Restoreメソッドに引数はありません。

```
Sub Test4()
    DoCmd.SelectObject acTable, "T社員名簿"
    DoCmd.Minimize
    MsgBox "ウィンドウが最小表示されました"
```

```
        DoCmd.SelectObject acTable, "T社員名簿"
        DoCmd.Maximize
        MsgBox "ウィンドウが最大表示されました"

        DoCmd.SelectObject acTable, "T社員名簿"
        DoCmd.Restore
        MsgBox "ウィンドウが元のサイズに戻りました"
End Sub
```

コードを実行すると、[T社員名簿] テーブルのウィンドウが最小表示され、次に最大表示され、最後に元のサイズに戻ります。

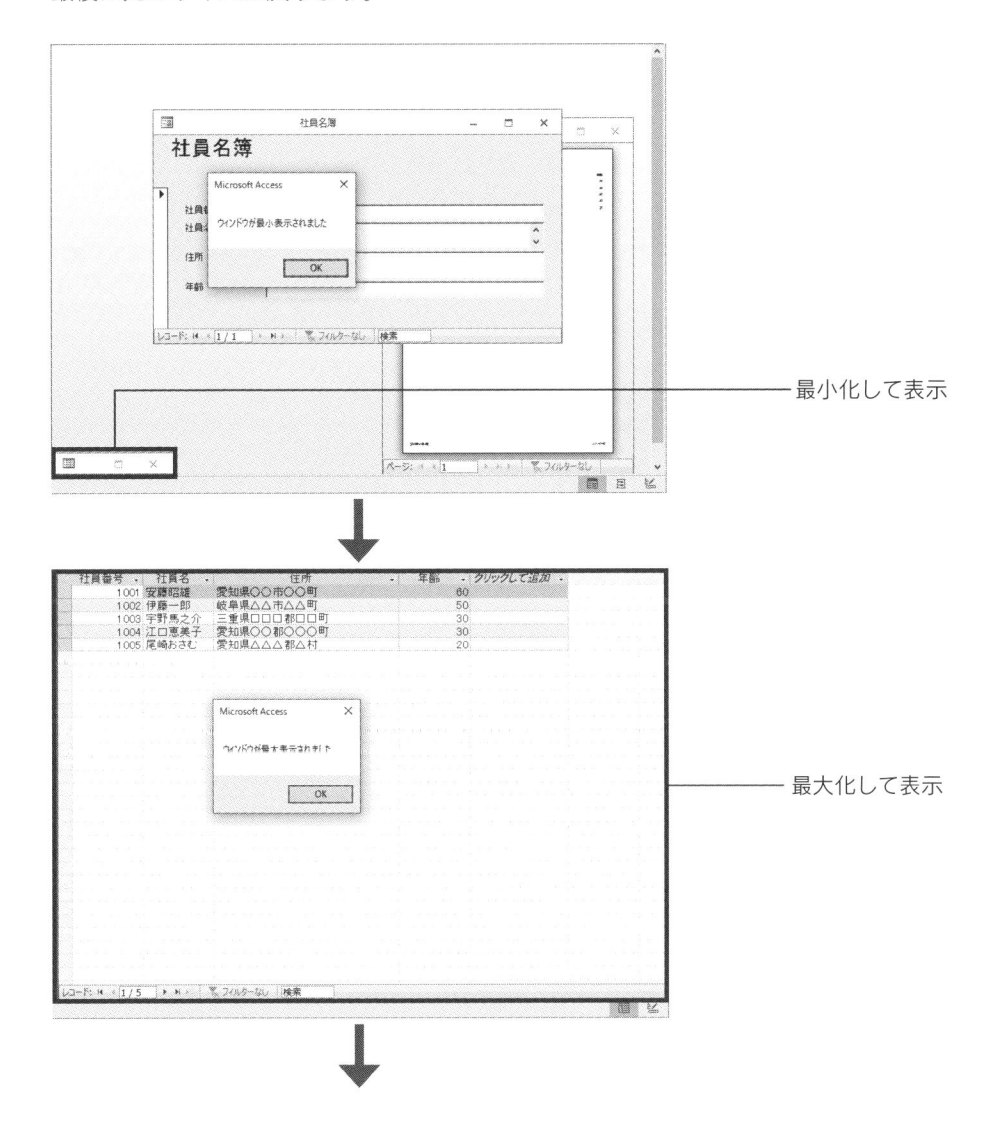

最小化して表示

最大化して表示

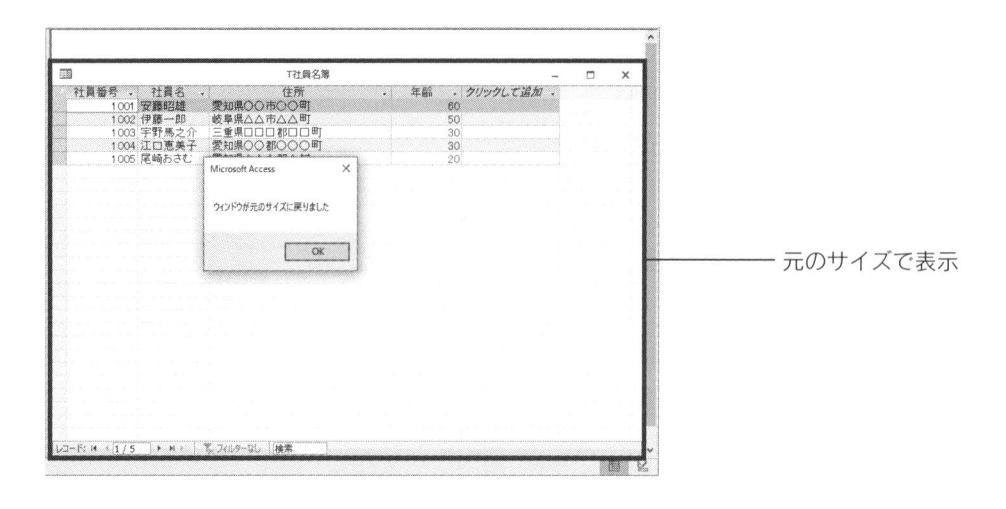

————— 元のサイズで表示

● MoveSize メソッド

MoveSizeメソッドは、アクティブウィンドウの移動やサイズ変更を行います。

【書式】 DoCmd.MoveSize 水平位置，垂直位置，ウィンドウ幅，ウィンドウ高さ

MoveSizeメソッドでは、最低ひとつは引数を指定する必要があります。省略した引数は、ウィンドウの現在の設定値が使用されます。

```
Sub Test5()
    DoCmd.SelectObject acForm, "F社員名簿"
    DoCmd.MoveSize 100, 100, 10000, 5000
    MsgBox "ウィンドウがサイズと表示位置が変更されました"
End Sub
```

コードを実行すると、[F社員名簿] フォームのサイズと表示位置が指定された値に変更されます。

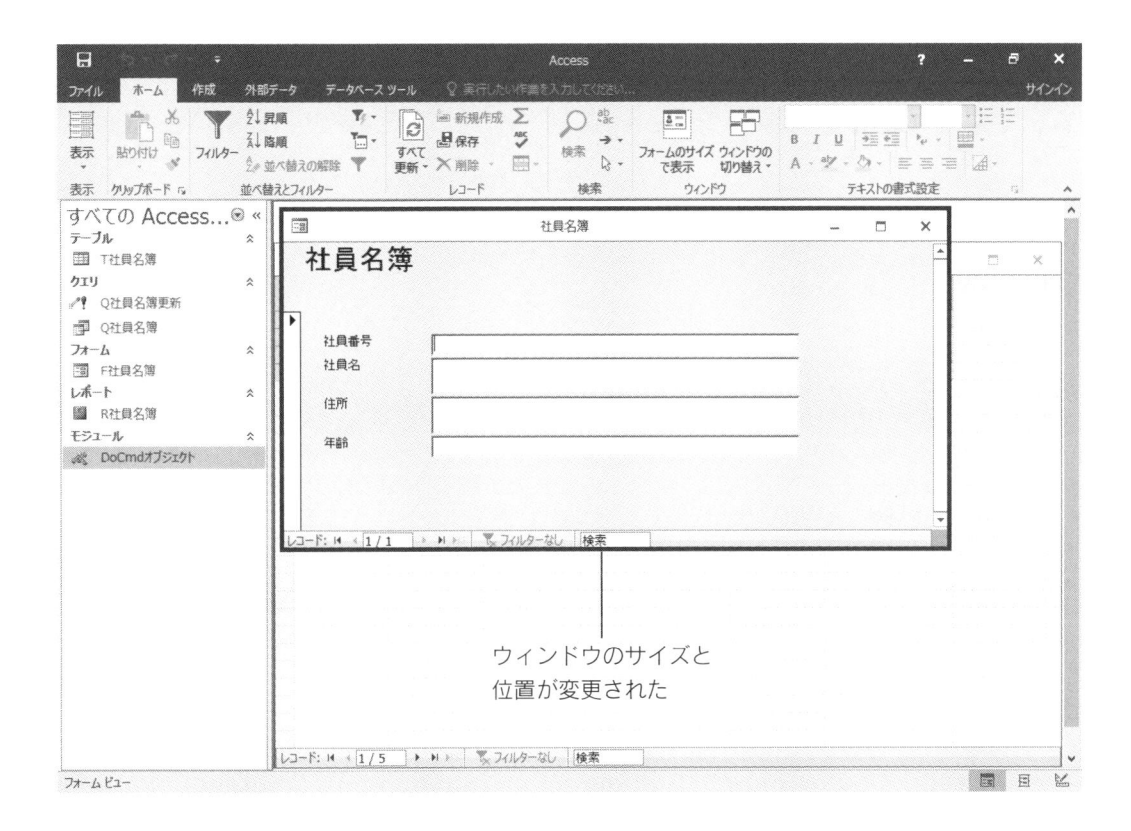

ウィンドウのサイズと
位置が変更された

> **memo**
>
> 引数の単位には、「twip」と呼ばれる単位が使用されます。印刷したときに1cmとなる画面要素
> の長さを、1論理cmと呼び、1論理cmは567twipに相当します。

● CopyObject メソッド／DeleteObject メソッド／Rename メソッド

CopyObjectメソッドは、指定したオブジェクトをコピーします。DeleteObjectメソッドは、指
定したオブジェクトを削除します。Renameメソッドは、指定したオブジェクトの名前を変更し
ます。

【書式】 DoCmd.CopyObject コピー先データベース, 新しい名前, オブジェクトの種類,
           オブジェクト名
        DoCmd.DeleteObject オブジェクトの種類, オブジェクト名
        DoCmd.Rename 新しい名前, オブジェクトの種類, オブジェクト名

それぞれのメソッドの引数に対する、主な指定は次の通りです。

【CopyObject メソッドの引数】

引数	定数	説明
コピー先データベース （省略可）		コピー先のデータベースのパスとファイル名を指定。省略するとカレントデータベースになる
新しい名前（省略可）		新しい名前を指定。省略すると同じ名前になる
オブジェクトの種類 （省略可）	acDefault（既定）	ナビゲーションウィンドウで選択されたオブジェクト
	acTable	テーブルを対象とする
	acQuery	クエリを対象とする
	acForm	フォームを対象とする
	acReport	レポートを対象とする
オブジェクト名（省略可）		コピーするオブジェクトの名前を指定する

【DeleteObject メソッドの引数】

引数	説明
オブジェクトの種類（省略可）	※ CopyObject メソッドと同じ
オブジェクト名（省略可）	削除するオブジェクトの名前を指定する

【Rename メソッドの引数】

引数	説明
新しい名前	新しい名前を指定する
オブジェクトの種類（省略可）	※ CopyObject メソッドと同じ
オブジェクト名（省略可）	変更するオブジェクトの名前を指定する

```
Sub Test6()
    DoCmd.CopyObject , "F社員名簿コピー", acForm, "F社員名簿"
    Stop
    DoCmd.Rename "新F社員名簿", acForm, "F社員名簿コピー"
```

```
    Stop
    DoCmd.DeleteObject acForm, "新F社員名簿"
End Sub
```

コードを実行すると、3行目の「Stop」というステートメントで、コードの実行が一時中断され
ます。

```
(General)                                ∨   Test6

    Sub Test6()
        DoCmd.CopyObject ，"F社員名簿コピー"，acForm，"F社員名簿"
⇨       Stop
        DoCmd.Rename "新F社員名簿"，acForm，"F社員名簿コピー"
        Stop
        DoCmd.DeleteObject acForm, "新F社員名簿"
    End Sub
```

このときAccessのナビゲーションウィンドウを確認すると、[F社員名簿] フォームがコピーさ
れ、[F社員名簿コピー] というフォームが作られています。

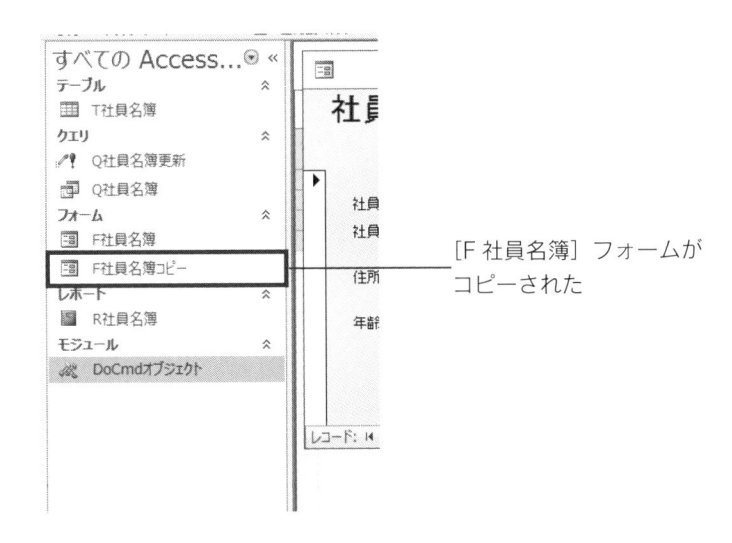

[F社員名簿] フォームが
コピーされた

VBEに戻り F5 キーを押して再度コードを実行すると今度は、5行目のStopステートメントで
コードの実行が一時中断されます。このとき、[F社員名簿コピー] フォームがリネームされ、[新
F社員名簿] フォームに名前が変更されています。

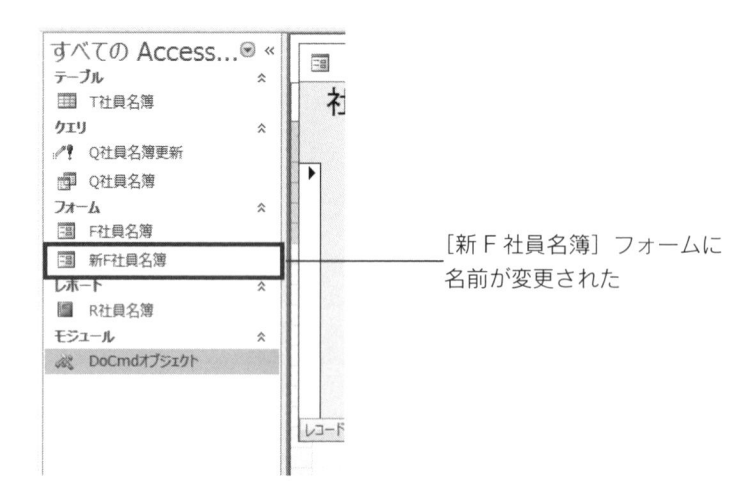

[新 F 社員名簿] フォームに
名前が変更された

[F5] キーを押して再度コードを実行すると、[新 F 社員名簿] フォームがデータベースより削除
されます。

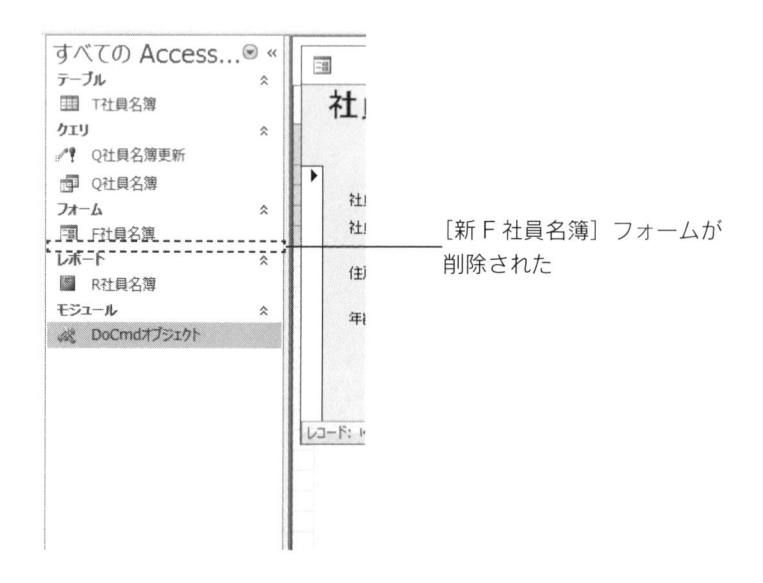

[新 F 社員名簿] フォームが
削除された

> **memo**
> Stop ステートメントは、一時的にコードの実行を中断させるステートメントです。Stop ステー
> トメントは、「10-2 デバッグ」で詳しく解説します。

● PrintOut メソッド

PrintOut メソッドは、開いているデータベースオブジェクトのアクティブなウィンドウを印刷し
ます。

【書式】 DoCmd.PrintOut 印刷範囲, 開始ページ, 終了ページ, 印刷品質, 印刷部数,
　　　　　　 部単位の印刷

それぞれの引数に対する、主な指定は次の通りです。

引数	定数	説明
印刷範囲（省略可）	acPrintAll（既定）	オブジェクト全体を印刷する
	acSelection	オブジェクトの選択した部分を印刷する
	acPages	指定したページを印刷する
開始ページ（省略可）		
終了ページ（省略可）		
印刷品質（省略可）	acHigh（既定）	高
	acMedium	中
	acLow	低
	acDraft	簡易
印刷部数（省略可）		
部単位の印刷（省略可）	True（既定）	部単位で印刷する
	False	部単位で印刷しない

```
Sub Test7()
    DoCmd.SelectObject acReport, "R社員名簿"
    DoCmd.PrintOut acPrintAll
End Sub
```

コードを実行すると、[R社員名簿] レポートが選択され、印刷されます。

> **memo**
> 引数「印刷範囲」で「acPages」を指定した場合、引数「開始ページ」「終了ページ」は省略できません。

> **memo**
> レポートを印刷する場合、次のコードでも印刷することができます。
>
> ```
> Sub Test()
>     DoCmd.OpenReport "R社員名簿"
> End Sub
> ```
>
> このコードを実行すると、[R社員名簿] レポートをすぐに印刷します。レポートが閉じているときは、レポートを開かずに印刷します。

●Save メソッド／Close メソッド

Save メソッドは、指定したオブジェクトを保存します。Close メソッドは、指定したオブジェクトを閉じます。

> 【書式】　DoCmd.Save オブジェクトの種類，オブジェクトの名前
>
> 　　　　　DoCmd.Close オブジェクトの種類，オブジェクトの名前，保存方法

それぞれのメソッドの引数に対する、主な指定は次の通りです。

【Save メソッドの引数】

引数	説明
オブジェクトの種類（省略可）	※CopyObject メソッドと同じ
オブジェクトの名前（省略可）	保存するオブジェクトの名前を指定する

【Close メソッドの引数】

引数	定数	説明
オブジェクトの種類（省略可）		※CopyObject メソッドと同じ
オブジェクトの名前（省略可）		閉じるオブジェクトの名前を指定する
保存方法（省略可）	acSavePrompt（既定）	オブジェクトの保存をユーザーに確認する
	acSaveYes	指定したオブジェクトを保存する
	acSaveNo	指定したオブジェクトを保存しない

> **◎memo**
>
> Save メソッド、Close メソッドでは引数「オブジェクトの種類」と「オブジェクトの名前」の両方を省略した場合、アクティブなオブジェクトが操作の対象になります。

```
Sub Test8()
    DoCmd.Close acTable, "T社員名簿", acSaveNo
    DoCmd.Close acForm, "F社員名簿", acSaveNo
    DoCmd.Close acReport, "R社員名簿", acSaveNo
End Sub
```

コードを実行すると、開いていた [T社員名簿] テーブル、[F社員名簿] フォーム、[R社員名簿] レポートを、それぞれ保存しないで閉じます。

レコード操作

ここでは、テーブルの内容をCSV形式のテキストファイルに変換する、フィルタにより特定の
レコードを抽出するなど、レコードに対する操作について解説します。

● TransferText メソッド／TransferSpreadsheet メソッド

TransferText メソッドは、テキストファイルをインポート・エクスポートします。
TransferSpreadsheet メソッドは、Excel ファイルをインポート・エクスポートします。

【書式】 DoCmd.TransferText 変換種類, 定義名, テーブル名, ファイル名,
　　　　　　　　　フィールド名設定
　　　　 DoCmd.TransferSpreadsheet 変換種類, ファイル形式, テーブル名, ファイル名,
　　　　　　　　　フィールド名設定, Range

それぞれのメソッドの引数に対する、主な指定は次の通りです。

【TransferText メソッドの引数】

引数	定数	説明
変換種類（省略可）	acImportDelim（既定）	カンマ区切りのテキストをインポートする
	acImportFixed	固定長のテキストをインポートする
	acExportDelim	カンマ区切りのテキストをエクスポートする
	acExportFixed	固定長のテキストをエクスポートする
	acExportMerge	Word 差し込みデータをエクスポートする
	acImportHTML	HTML形式でインポートする
	acExportHTML	HTML形式でエクスポートする
定義名（省略可）		インポート・エクスポートの定義名を指定する
テーブル名		対象となるテーブル名を指定する
ファイル名		対象となるファイルのパスとファイル名を指定する
フィールド名設定（省略可）	True	1行目をフィールド名とする
	False（既定）	1行目をフィールド名としない

【TransferSpreadsheet メソッドの引数】

引数	定数	説明
変換種類（省略可）	acImport（既定）	データをインポートする
	acExport	データをエクスポートする
	acLink	データにリンクする
ファイル形式 （省略可）	acSpreadsheetTypeExcel8	Excel 97形式
	acSpreadsheetTypeExcel9	Excel 2000形式
	acSpreadsheetTypeExcel12xml（既定）	Excel 2010/2013/2016 XML形式
テーブル名		対象となるテーブル名を指定する
ファイル名		対象となるファイルのパスとファイル名を指定する
フィールド名設定 （省略可）	True	1行目をフィールド名とする
	False（既定）	1行目をフィールド名としない
Range（省略可）		対象となるセル範囲を指定する

> **♥memo**
>
> TransferSpreadsheet メソッドの引数「Range」には、インポートするワークシートのセル範囲、または範囲の名前を文字列式で指定します。省略すると、ワークシート全体がインポートの対象になります。エクスポートするときは、この引数を指定しません。

```
Sub Test9()
    DoCmd.TransferText acExportDelim, , "T社員名簿", "C:\test\T社員名簿.txt", True
    DoCmd.TransferText acImportDelim, , "新T社員名簿", _
        "C:\test\T社員名簿.txt", True
    DoCmd.TransferSpreadsheet acExport, acSpreadsheetTypeExcel12xml, _
        "新T社員名簿", "C:\test\T社員名簿.xlsx", True
End Sub
```

コードを実行する前に、Cドライブの直下に「test」という名前のフォルダを作成しておきます。

コードを実行すると、[T社員名簿] テーブルを「T社員名簿.txt」というファイル名のテキストファイルとして、「C:\test」にエクスポートします。次にエクスポートしたファイルを [新T社員名簿] というテーブル名で、インポートします。さらに、インポートした [新T社員名簿] テーブルを「T社員名簿.xlsx」というファイル名のExcelファイルとして、「C:\test」にエクスポートします。

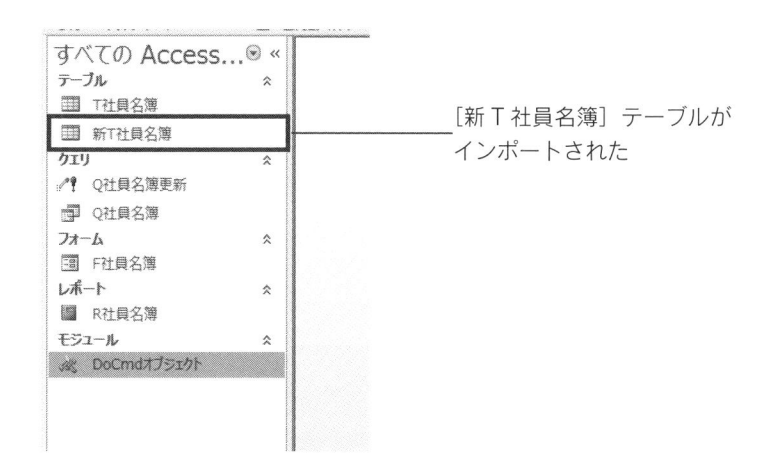

[新 T 社員名簿] テーブルが
インポートされた

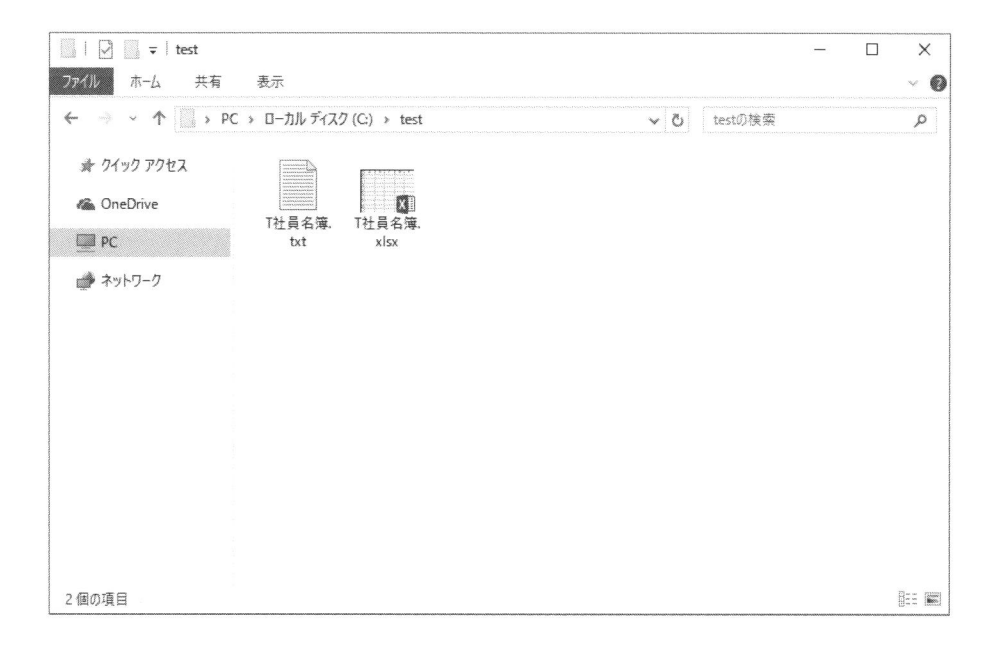

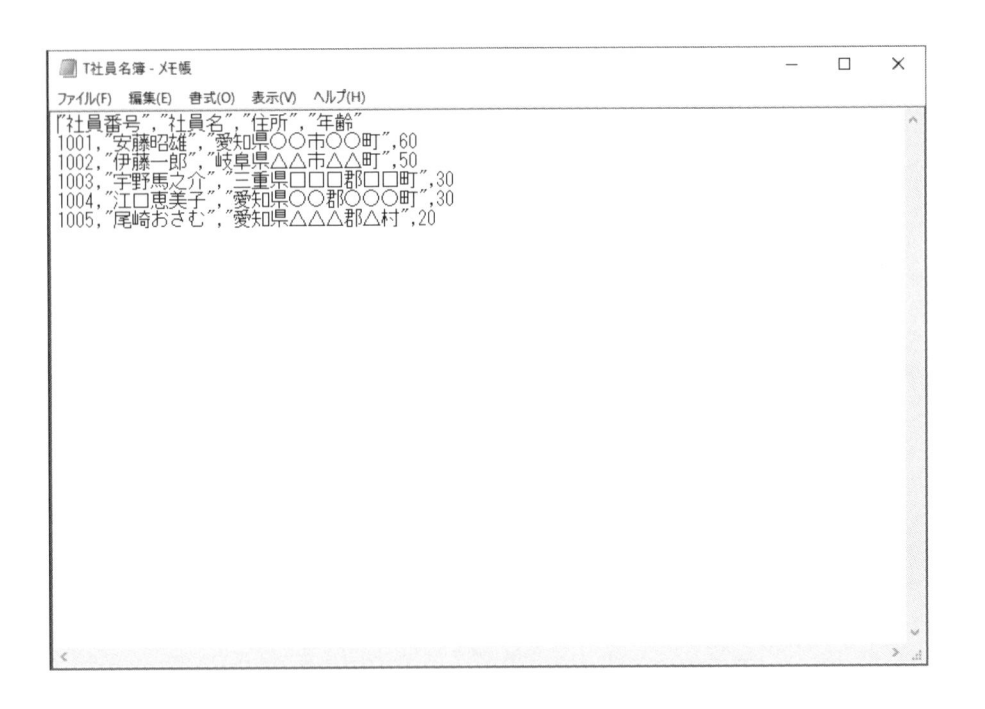

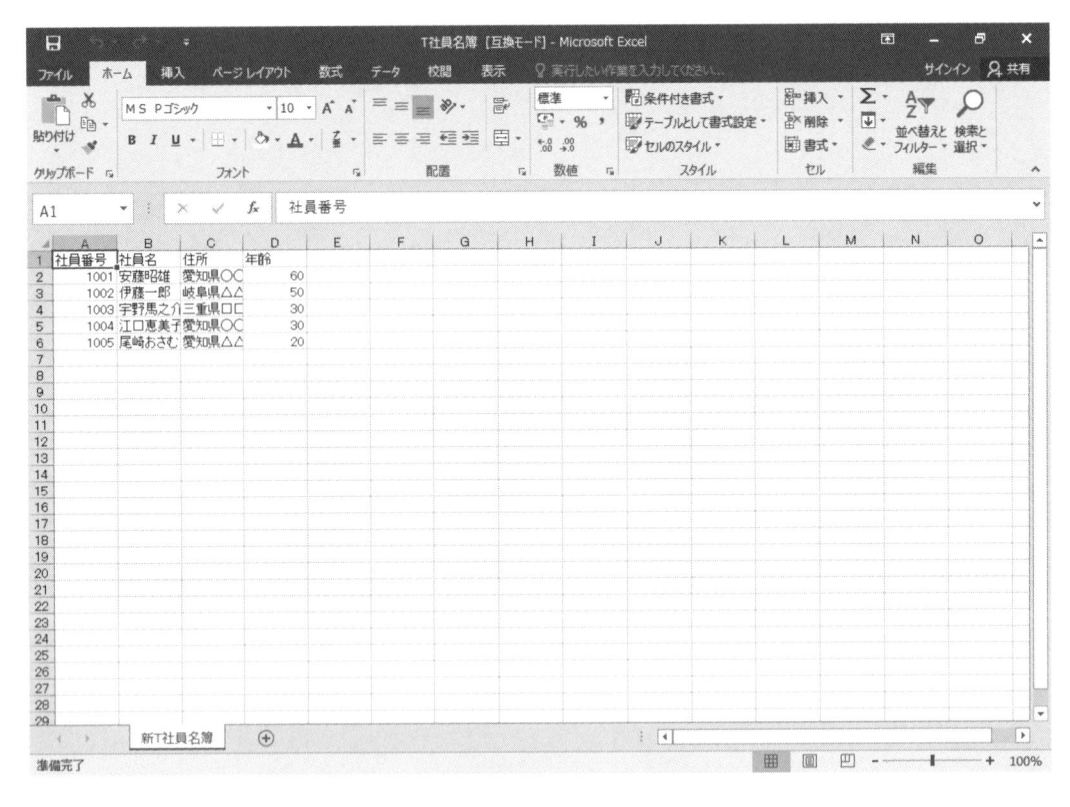

実際に、ナビゲーションウィンドウに作成された［新Ｔ社員名簿］テーブルと、「test」フォルダに作成された「Ｔ社員名簿．txt」と「Ｔ社員名簿．xlsx」を開いて、正しくインポート・エクスポートされていることを確認してください。

● OutputTo メソッド

OutputTo メソッドは、データベースオブジェクトを様々な形式で出力します。

【書式】 DoCmd.OutputTo オブジェクトの種類，オブジェクト名，出力形式，ファイル名，
ファイルを開く

それぞれの引数に対する、主な指定は次の通りです。

引数	定数	説明
オブジェクトの種類	acOutputTable	テーブルを対象にする
	acOutputQuery	クエリを対象にする
	acOutputForm	フォームを対象にする
	acOutputReport	レポートを対象にする
	acOutputModule	モジュールを対象にする
オブジェクト名（省略可）		出力の対象となるオブジェクト名を指定する
出力形式（省略可）	acFormatHTML	HTML 形式で出力する
	acFormatTXT	テキスト形式で出力する
	acFormatXLS	Excel ファイル形式（.xls）で出力する
	acFormatXLSX	Excel ファイル形式（.xlsx）で出力する
ファイル名（省略可）		出力するパスとファイル名を指定する
ファイルを開く（省略可）	True	出力後にファイルを開く
	False（既定）	出力後にファイルを開かない

> **●memo**
>
> 引数「オブジェクト名」を省略すると、アクティブなオブジェクトが出力されます。引数「出力形式」を省略すると、出力形式を選択するダイアログボックスが、引数「ファイル名」を省略すると、ファイル名を指定するダイアログボックスが、それぞれ表示されます。

```
Sub Test10()
    DoCmd.OutputTo acOutputTable, "T社員名簿", acFormatHTML, _
                            "C:\test\T社員名簿2.html", True
    DoCmd.OutputTo acOutputTable, "T社員名簿", acFormatXLSX, _
                            "C:\test\T社員名簿2.xlsx", True
End Sub
```

コードを実行すると、[T社員名簿] テーブルを「T社員名簿2.html」というファイル名のHTML
ファイルと、「T社員名簿2.xlsx」というファイル名のExcel ファイルとして、「C:\test」に出力
します。出力後、ブラウザとExcel が起動し、出力されたファイルを表示します。

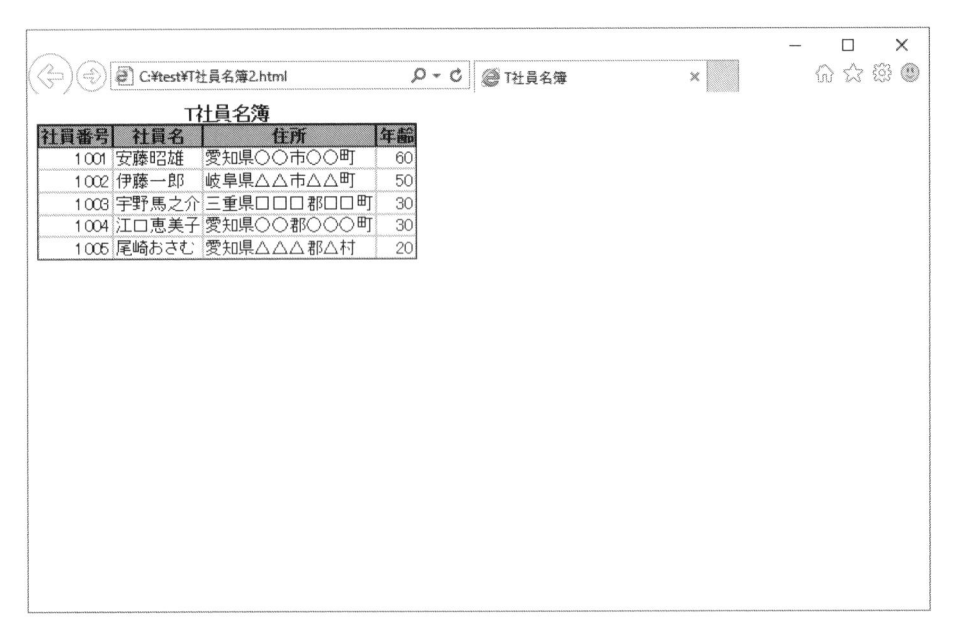

社員番号	社員名	住所	年齢
1001	安藤昭雄	愛知県○○市○○町	60
1002	伊藤一郎	岐阜県△△市△△町	50
1003	宇野馬之介	三重県□□□郡□□町	30
1004	江口恵美子	愛知県○○郡○○○町	30
1005	尾崎おさむ	愛知県△△△郡△村	20

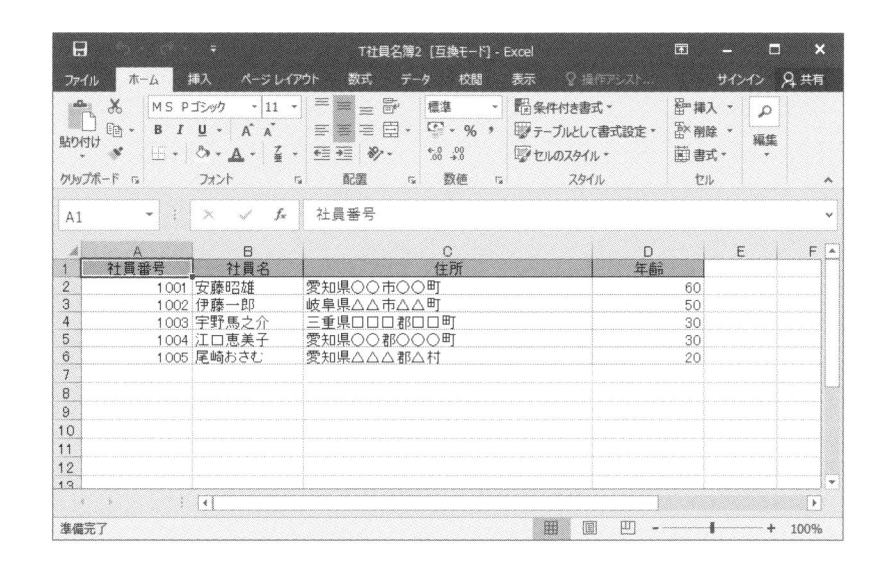

6

DoCmd オブジェクト

> **重要** 実行するPCの環境によっては、「このファイルを開く方法を選んでください。」のメッ
> セージが表示され、HTMLファイルを開くアプリケーションを選択するように促される
> 場合があります。その場合は、任意のアプリケーションを選択してください。ここでは、
> Internet Explorerを選択しています。

◆memo

データをExcelファイル形式で出力する場合、OutputToメソッドで出力すると書式のある状態
で、TransferSpreadsheetメソッドで出力すると書式のない状態で、それぞれ出力されます。
ただし、OutputToメソッドは、大量のデータの出力には不向きです。データ量が多い場合は、
TransferTextメソッド、TransferSpreadsheetメソッドの使用を推奨します。

● ApplyFilter メソッド／ShowAllRecords メソッド

ApplyFilterメソッドは、アクティブなテーブル、クエリ、フォームに対してフィルタを設定しま
す。ShowAllRecordsメソッドは、フィルタの設定を解除します。

【書式】 DoCmd.ApplyFilter フィルタ名, 抽出条件
　　　　 DoCmd.ShowAllRecords

ApplyFilterメソッドの引数「フィルタ名」には、カレントデータベースのフィルタまたはクエリ
名を指定します。引数「抽出条件」には、抽出条件のSQLを文字列式で指定します。なお、
ApplyFilterメソッドの引数「フィルタ名」「抽出条件」は省略可能ですが、どちらかを必ず指定
する必要があります。ShowAllRecordsメソッドには引数はありません。

```
Sub Test11()
    DoCmd.OpenTable "T社員名簿"
    DoCmd.ApplyFilter , "年齢 >= 50"
    MsgBox "フィルタで[年齢]が50歳以上の社員を抽出しています"
    DoCmd.ShowAllRecords
    MsgBox "フィルタを解除してすべての社員を表示しています"
    DoCmd.Close acTable, "T社員名簿"
End Sub
```

コードを実行すると、[T社員名簿]テーブルを開き、[年齢]フィールドが50以上のレコードを抽出します。

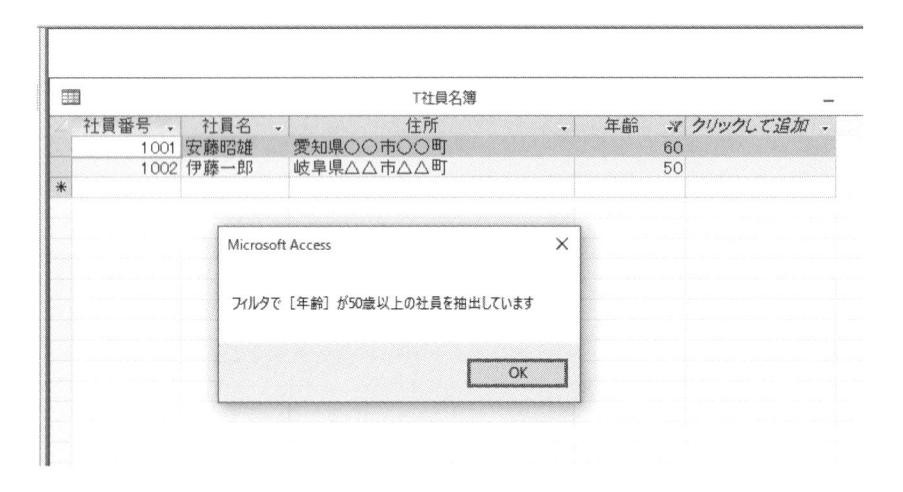

次にフィルタを解除し、すべてのレコードを表示します。最後にテーブルを閉じてコードの実行を終了します。

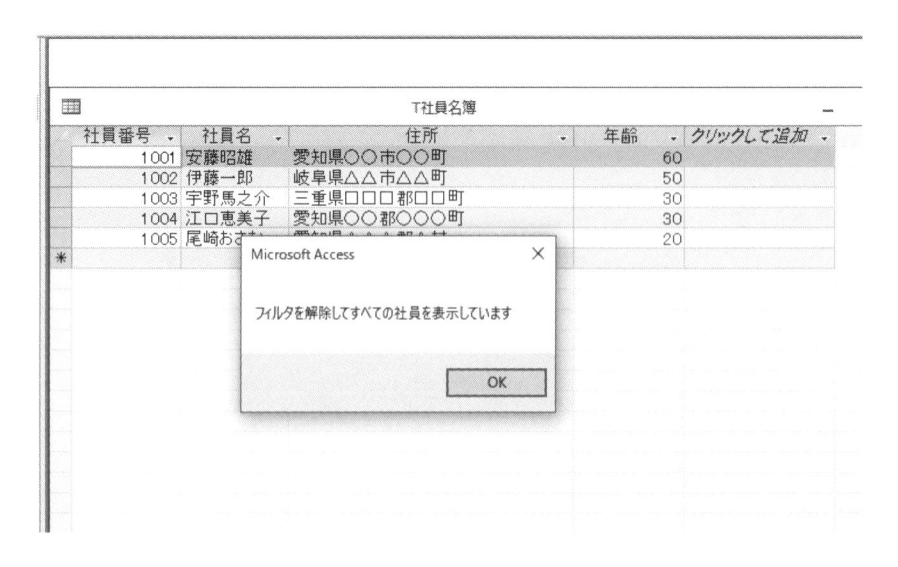

次ページへ続く

引数「抽出条件」には、SQLのWHERE句以降を記述しますが、「WHERE」を記述する必要は
ありません。WHERE句については、「第9章　SQL」の「9-3　条件指定」で詳しく解説します。

●FindRecord メソッド／FindNext メソッド

FindRecordメソッドは、指定した条件を満たす最初のレコードを検索します。FindNextメソッ
ドは、その条件を満たす次のレコードを検索します。

【書式】　DoCmd.FindRecord 検索するデータ，検索条件，文字の区別，検索方向，表示書式に
　　　　　よる検索，検索対象，最初から検索

　　　　　DoCmd.FindNext

FindNextメソッドに引数はありません。
FindRecordメソッドの引数に対する、主な指定は次の通りです。

引数	定数	説明
検索するデータ		検索するデータを指定する
検索条件（省略可）	acAnywhere	フィールドの一部分を検索する
	acEntire（既定）	フィールド全体を検索する
	acStart	フィールドの先頭を検索する
文字の区別（省略可）	True	大文字／小文字を区別する
	False（既定）	大文字／小文字を区別しない
検索方向（省略可）	acUp	カレントレコードより前のレコードを検索する
	acDown	カレントレコードより後のレコードを検索する
	acSearchAll（既定）	すべてのレコードを検索する
表示書式による検索（省略可）	True	表示されている文字列で検索する
	False（既定）	実際のフィールドの値で検索する
検索対象（省略可）	acAll	すべてのフィールドを検索する
	acCurrent（既定）	カレントフィールドを検索する
最初から検索（省略可）	True（既定）	最初のレコードから検索する
	False	カレントレコードから検索する

```
Sub Test12()
    DoCmd.OpenForm "F社員名簿"
    DoCmd.GoToControl "年齢"
    DoCmd.FindRecord "30"
    MsgBox "［年齢］が30歳の社員を表示しています"
```

```
    DoCmd.FindNext
    MsgBox "次の［年齢］が30歳の社員を表示しています"
    DoCmd.Close acForm, "F社員名簿"
 End Sub
```

コードを実行すると、［F社員名簿］フォームを開き、［年齢］コントロールにフォーカスを移します。コードの4行目で年齢が30のレコードを検索します。社員番号1003、宇野さんのレコードが検索されます。

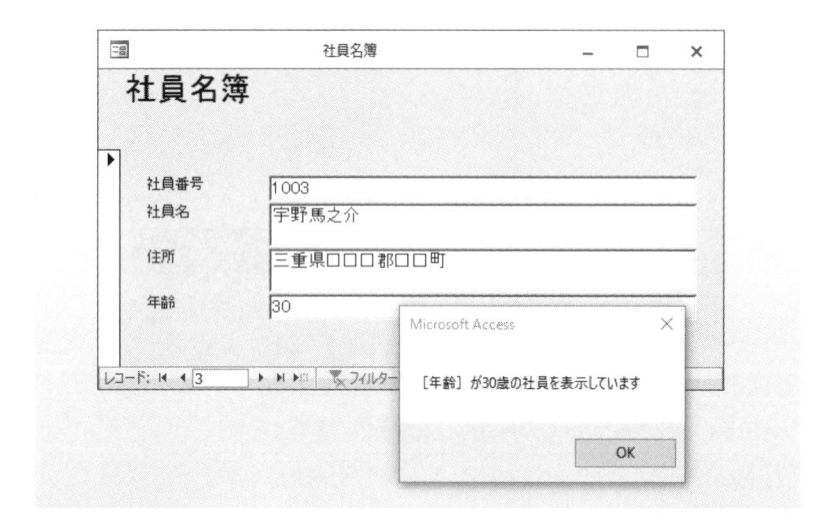

さらに6行目、同じ条件で次のレコードを検索するため、社員番号1004、江口さんのレコードが検索されます。

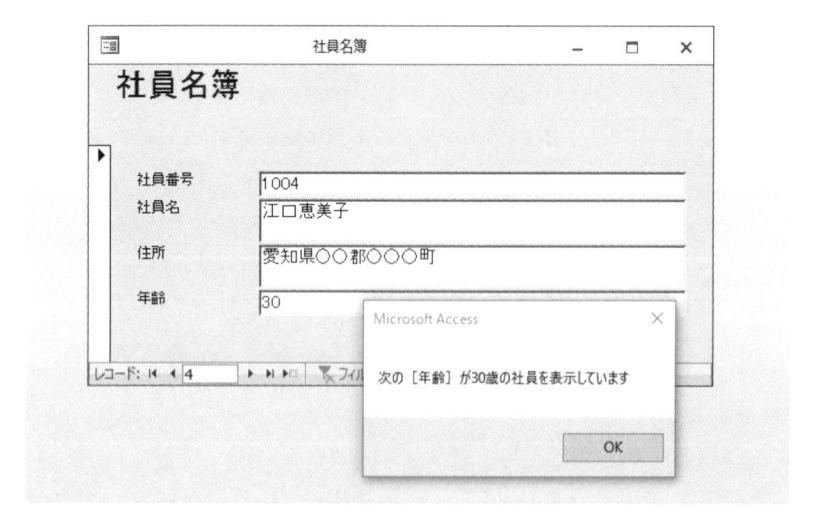

最後にフォームを閉じてコードの実行を終了します。

FindRecord メソッドは、検索の成功／失敗を値で返しません。検索した値が存在するかどうか
を調べる場合や、複数のレコードを検索する場合には Recordset オブジェクトを使用します。
Recordset オブジェクトは、「7-1　フォーム・レポートの操作」で解説します。

その他の操作

ここでは、マウスポインタの表示を変える、音を鳴らす、Access を終了するなど、覚えておく
と便利な操作について解説します。

● Beep メソッド
Beep メソッドは、警告音を鳴らします。

【書式】　DoCmd. Beep

Beep メソッドに引数はありません。

```
Sub Test13()
    DoCmd. Beep
    MsgBox "警告音が再生されました"
End Sub
```

コードを実行すると、警告音が鳴ります。

実際に警告音が鳴るかどうかは、使用するローカルマシンの環境によって異なります。

● Echo メソッド
Echo メソッドは、画面の再描画のオン／オフを切り替えます。

【書式】　DoCmd. Echo　再描画設定

引数「再描画設定」を「True」にすると、マクロの実行中に画面を再描画して結果を反映します。
「False」にすると再描画しません。画面に表示されているオブジェクトに変更を加えるコードを
実行する場合には、処理が終わるまで画面の再描画をオフにしておいた方がコードの実行は速く
なります。

```
Sub Test14()
    DoCmd.Echo True
    DoCmd.OpenTable "T社員名簿"
    DoCmd.OpenQuery "Q社員名簿"
    DoCmd.OpenForm "F社員名簿"
    DoCmd.Echo True
End Sub
```

コードを実行すると、各オブジェクトが次々と開かれていく様子が分かります。開いたオブジェクトをすべて閉じ、コードの2行目を「DoCmd.Echo False」に変更して、再度実行します。今度は、すべてのオブジェクトが開かれるまで再描画を行わないため、各オブジェクトが一度に表示されます。

 重要 ｜ Echoメソッドで再描画をオフにした場合、コードの実行が終了しても再描画はオフになったままです。コードの中で、再描画をオンに戻すのを忘れないでください。

● SetWarnings メソッド

SetWarnings メソッドは、システムメッセージの表示のオン／オフを切り替えます。

【書式】 DoCmd.SetWarnings 表示設定

引数「表示設定」を「True」にするとシステムメッセージを表示します。「False」にすると表示しません。

```
Sub Test15()
    DoCmd.SetWarnings True
    DoCmd.OpenQuery "Q社員名簿更新"
    DoCmd.SetWarnings True
End Sub
```

コードを実行すると、[Q社員名簿更新] クエリを実行します。このクエリは、[T社員名簿] テーブルの [年齢] フィールドの値を1加算して更新します。このとき、図のシステムメッセージが表示されアクションクエリの実行を確認します。

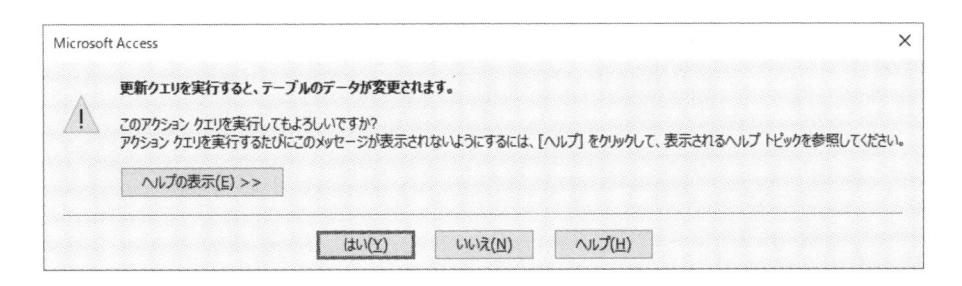

[はい] ボタンをクリックすると、さらに図のシステムメッセージが表示され、[はい] ボタンをクリックすることで、更新クエリが実行されます。

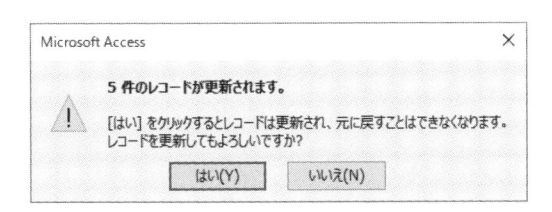

コードの2行目を「DoCmd.SetWarnings False」に変更してください。再度コードを実行すると、今度はシステムメッセージが表示されず、すぐに更新クエリが実行されます。

 **重要** SetWarnings メソッドでシステムメッセージの表示をオフにした場合、コードの実行が終了してもオフになったままです。コードの中で、システムメッセージの表示をオンに戻すのを忘れないでください。

● HourGlass メソッド

Hourglass メソッドは、マウスポインタを「Hourglass（砂時計表示）」に変更します。コードの実行に時間がかかるときに使用すると、ユーザーに親切です。

【書式】 DoCmd.Hourglass 表示設定

引数「表示設定」を「True」にするとマウスポインタが砂時計表示に変更されます。「False」にすると通常表示に戻ります。

```
Sub Test16()
    DoCmd.Hourglass True
    MsgBox "マウスポインタが砂時計表示に変更されました"
    DoCmd.Hourglass False
End Sub
```

コードを実行すると、マウスポインタが砂時計表示に変わります。

 Hourglass メソッドでマウスポインタを砂時計表示に変更した場合、コードの実行が終了しても砂時計表示になったままです。コードの中で、通常表示に戻すのを忘れないでください。

● Quit メソッド

Quit メソッドは、Accessを終了します。終了前にデータベースを保存することもできます。

【書式】 DoCmd.Quit 保存設定

引数「保存設定」が「acQuitPrompt」の場合、変更の保存を確認するダイアログボックスが表示されます。「acQuitSaveAll」の場合、ダイアログボックスを表示せずに、すべてのオブジェクトを保存します。「acQuitSaveNone」の場合、変更したオブジェクトは保存されません。省略すると、「acQuitSaveAll」が既定値となります。

```
Sub Test17()
    DoCmd.Quit acQuitSaveAll
End Sub
```

コードを実行すると、すべてのオブジェクトを保存してAccessを終了します。

これで第6章の実習を終了します。実習ファイル「B06.accdb」を閉じ、Access を終了します。[オブジェクトの保存] ダイアログボックスが表示されるので [はい] ボタンをクリックし、オブジェクトの変更を保存します。

7

フォームとレポート

この章では、ユーザーからの入力を受け付けるフォームオブジェクトや、処理の結果を出力するレポートオブジェクトの操作について詳しく解説します。

7-1 フォーム・レポートの操作

ここにAccessで作られた見積書作成アプリケーションがあるとします。あなたは、画面に表示されたフォームから、見積りに必要な様々なデータを入力します。材料費、購入費、外注費、社内製作費…、とフォーム上に配置されたテキストボックスやコンボボックスを使って、データをどんどん入力します。入力が終わったら、レポートを使って見積書を印刷します。

このように業務用アプリケーションのほとんどが、ユーザーから入力されたデータをある形に加工し、出力することで成り立っています。この入力部に使用されるのが**フォームオブジェクト**で、出力部に使用されるのが**レポートオブジェクト**です。

業務用アプリケーション

フォームからデータを入力

レポートでデータを出力

フォーム・レポートの参照方法

Accessのフォームとレポートは構造や仕組みが大変よく似ています。フォーム・レポートを操作するには、各オブジェクトの参照方法をマスターする必要があります。フォーム・レポートの参照方法は次の通りです。

【フォーム・レポートの参照方法】

```
Forms("フォーム名")
Reports("レポート名")
```

また、フォーム・レポート内に配置されたサブフォーム・サブレポートを参照する場合は、次のように記述します。

【サブフォーム・サブレポートの参照方法】

```
Forms("フォーム名").サブフォーム名.Form
Reports("レポート名").サブレポート名.Report
```

> **◎memo**
>
> フォーム・レポートを参照する構文は、上記以外にも様々な記述の仕方があります。
>
> **【フォーム・レポートを参照するその他の構文】**
>
> ```
> Forms!フォーム名
> Forms![フォーム名]
> Forms.フォーム名
> ```
>
> レポートについては、「Forms」を「Reports」に、「フォーム名」を「レポート名」に置き換えます。どの構文で記述しなければならないというルールはありませんが、同じプロジェクト内では、できるだけ統一した方が、可読性が上がりメンテナンスが容易になります。

●Meキーワード

「第1章　VBAの基礎知識」の「1-2　モジュールとは」で解説しましたが、モジュールには「標準モジュール」と、フォーム・レポートに関連付けられた「フォームモジュール」「レポートモジュール」があります。フォーム・レポート自身に関する操作は、このフォームモジュール、レポートモジュールに記述します。なぜなら、フォームモジュール、レポートモジュールでは、大変便利な**Meキーワード**を使用することができるからです。

Meキーワードは、記述されたオブジェクト自体を意味します。たとえば［社員名簿］フォームのフォームモジュールに「Me」が記述されている場合、「Forms(" 社員名簿 ")」と「Me」は同じ意味になります。

【標準モジュールからフォームを参照する】

Forms("フォーム名"). メソッドまたはプロパティ

【そのフォームのフォームモジュールから参照する】

Me. メソッドまたはプロパティ

レポートについては、「Forms」を「Reports」に、「フォーム」を「レポート」に置き換えます。

では実際に、コードを記述してその動作を確認しましょう。

❶実習ファイル「B07.accdb」を開いてください

❷「Module1」モジュールをダブルクリックし、VBEを起動します

❸コードウィンドウに次のコードを記述してください

```
Sub Test()
    DoCmd. OpenForm "F社員名簿"
    MsgBox Forms("F社員名簿"). Name & "がフォームの名前です"
End Sub
```

コードを実行すると、［F 社員名簿］フォームが開き、フォームの名前が表示されます。「Name」プロパティは、オブジェクトの名前を返すプロパティで、この後解説します。このコードは、標準モジュールからフォームオブジェクトを参照しています。

❹次に、VBEのプロジェクトエクスプローラから、［Form_F 社員名簿］をダブルクリックします

❺コードウィンドウが、「F社員名簿」のフォームモジュールに変更されます

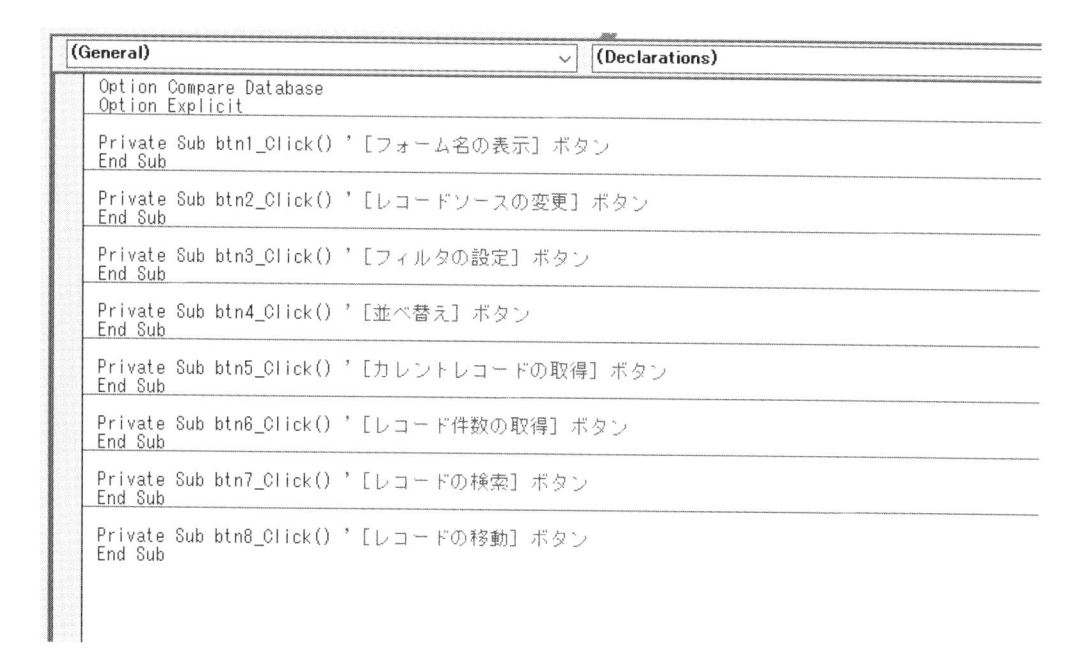

```
(General)                                      (Declarations)

Option Compare Database
Option Explicit

Private Sub btn1_Click() '[フォーム名の表示] ボタン
End Sub

Private Sub btn2_Click() '[レコードソースの変更] ボタン
End Sub

Private Sub btn3_Click() '[フィルタの設定] ボタン
End Sub

Private Sub btn4_Click() '[並べ替え] ボタン
End Sub

Private Sub btn5_Click() '[カレントレコードの取得] ボタン
End Sub

Private Sub btn6_Click() '[レコード件数の取得] ボタン
End Sub

Private Sub btn7_Click() '[レコードの検索] ボタン
End Sub

Private Sub btn8_Click() '[レコードの移動] ボタン
End Sub
```

❻Subプロシージャがすでに用意されているので、1つ目のプロシージャに次のコードを追加してください

```
Private Sub btn1_Click() ' [フォーム名の表示] ボタン
    MsgBox Me.Name & " がフォームの名前です"
End Sub
```

[F社員名簿] フォームに配置されているボタンのコントロール名は図の通りです。

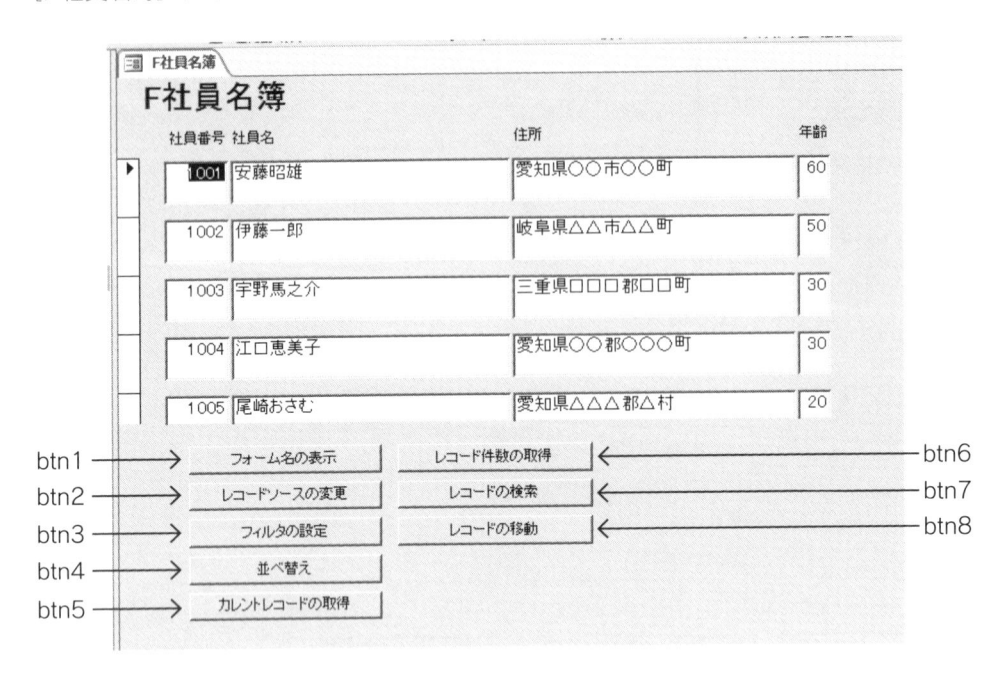

❼コードを追加したらAccessの画面に戻り、[F社員名簿] フォームにある [フォーム名の表示]
ボタンをクリックしてください。先ほどと同じ処理が実行されます

「Test」プロシージャでは「Forms("F 社員名簿")」とフォーム名を記述してオブジェクトを参
照しましたが、今回は対象となるオブジェクトのモジュールから呼び出すため、「Me」キーワー
ドを使いフォーム名の記述を省略することができます。

フォーム・レポートのプロパティ

● RecordSource プロパティ

RecordSourceプロパティは、フォームまたはレポートの元になるデータを設定します。テーブ
ル名、クエリ名、SQLのいずれかを指定します。

【書式】 オブジェクト.RecordSource = 設定値

コントロールから設定値を取得するときは、上の式の右辺と左辺を入れ替えます。

コントロールに値を設定する場合 ：	コントロール. プロパティ = 設定値
コントロールから値を取得する場合 ：	変数 = コントロール. プロパティ

プロパティには、値の取得や設定ができるものと、値の取得のみ可能で設定できないものがあります。

実際に、コードを記述してその動作を確認します。

❶ フォームモジュールに用意された Sub プロシージャに次のコードを追加してください

```
Private Sub btn2_Click() ' [レコードソースの変更] ボタン
    Me.RecordSource = "Q社員名簿"
    MsgBox "レコードソースをQ社員名簿に変更しました"
    Me.RecordSource = "T社員名簿"
    MsgBox "レコードソースをT社員名簿に戻しました"
End Sub
```

❷ [F社員名簿] フォームにある [レコードソースの変更] ボタンをクリックして実行すると、メッセージが表示され、フォームのレコードソースが [Q社員名簿] クエリに変更されます

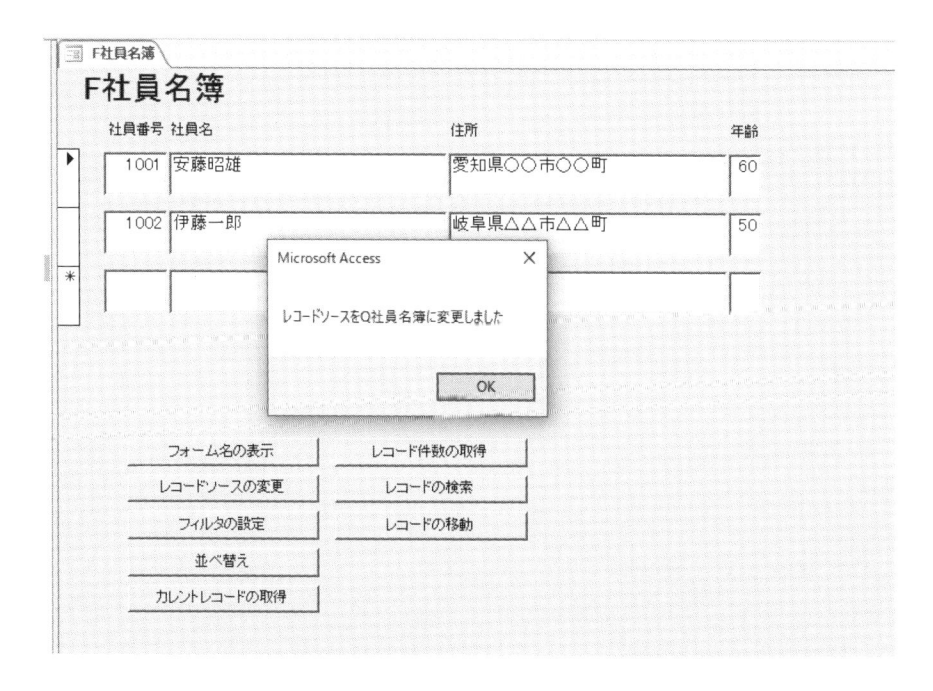

このクエリはデータの抽出条件に、「年齢が40を超える」という条件を設定しているため、条件を満たす2件のレコードが表示されます。

❸ [OK] ボタンをクリックすると再度メッセージが表示され、元のレコードソースに戻します

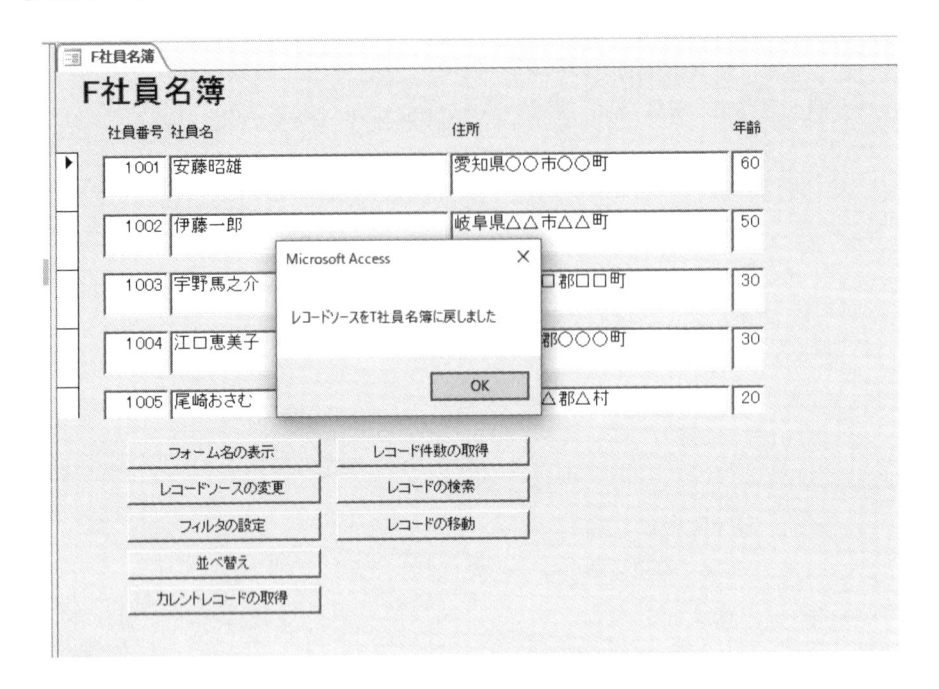

> **◆memo**
>
> フォームやサブフォームのレコードソースを変更したとき、表示が更新されない場合は「Requery」メソッドを使用することで、確実に最新のデータを表示させることができます。Requeryメソッドは、フォームやコントロールの元になるデータを再クエリして更新します。

● Filter プロパティ／FilterOn プロパティ

Filter プロパティは、フォームまたはレポートにフィルタを設定します。FilterOn プロパティは、Filter プロパティで設定したフィルタを適用するかどうかを設定します。

【書式】 オブジェクト.Filter = 条件式
　　　　 オブジェクト.FilterOn = True またはFalse

実際に、コードを記述してその動作を確認します。

❶ フォームモジュールに用意された Sub プロシージャに次のコードを追加してください

```
Private Sub btn3_Click() ' [フィルタの設定] ボタン
    Me.Filter = "住所 Like '愛知県*'"
    Me.FilterOn = True
    MsgBox "住所が愛知県のレコードのみ表示しています"
    Me.FilterOn = False
```

```
      MsgBox "フィルタを解除しました"
End Sub
```

❷ [F社員名簿] フォームにある [フィルタの設定] ボタンをクリックして実行すると、メッセージが表示され、[住所] フィールドの先頭が「愛知県」から始まるレコードが抽出されます

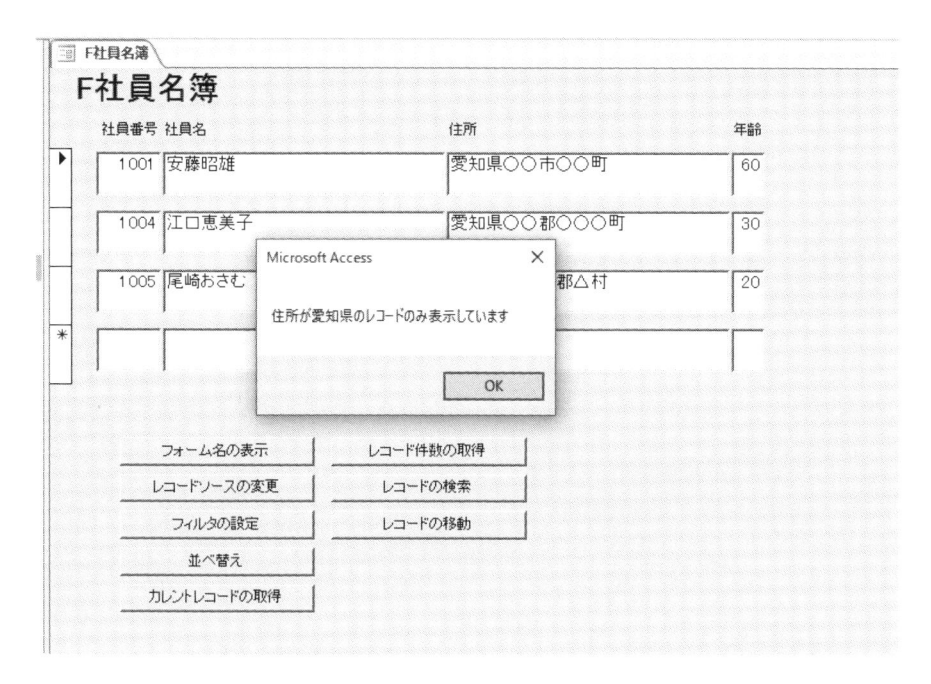

❸ [OK] ボタンをクリックすると再度メッセージが表示され、フィルタの適用を解除します

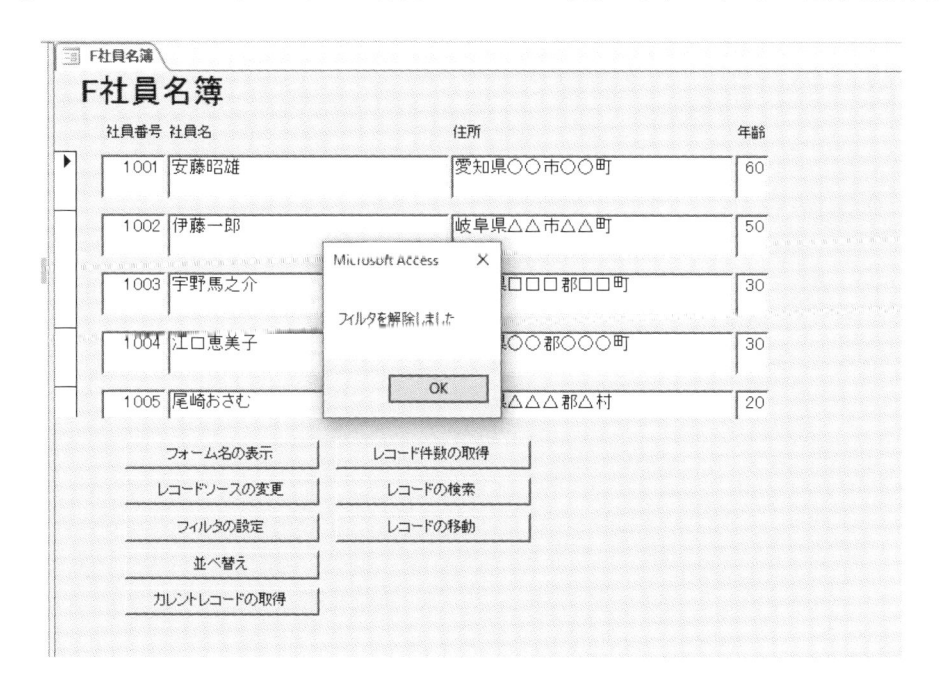

● OrderBy プロパティ／OrderByOn プロパティ

OrderBy プロパティは、フォームまたはレポートのレコードの並び順を取得・設定します。OrderByOn プロパティは、OrderBy プロパティで設定した並び順を適用するかどうかを取得・設定します。

【書式】　オブジェクト.OrderBy = " フィールド名"
　　　　　オブジェクト.OrderBy = " フィールド名 DESC"
　　　　　オブジェクト.OrderBy = " フィールド1, フィールド2, …"
　　　　　オブジェクト.OrderByOn = True またはFalse

OrderBy プロパティは、レコードを昇順に並べ替えます。降順に並べ替えたいときは、フィールド名の後に「DESC」を記述します。また複数のフィールドを指定した場合、左側にあるフィールドを優先して並べ替えます。
実際に、コードを記述してその動作を確認します。

❶ フォームモジュールに用意された Sub プロシージャに次のコードを追加してください

```
Private Sub btn4_Click() ' [並べ替え] ボタン
    Me.OrderBy = "年齢, 社員番号 DESC"
    Me.OrderByOn = True
    MsgBox "年齢は昇順、社員番号は降順に並べ替えています"
    Me.OrderBy = "年齢, 社員番号"
    Me.OrderByOn = True
    MsgBox "年齢は昇順、社員番号は昇順に並べ替えています"
    Me.OrderByOn = False
    MsgBox "並べ替えを解除しました"
End Sub
```

❷ [F 社員名簿] フォームにある [並べ替え] ボタンをクリックして実行すると、メッセージが表示され、年齢を昇順に、同じ年齢の社員は社員番号を降順に並べ替えます

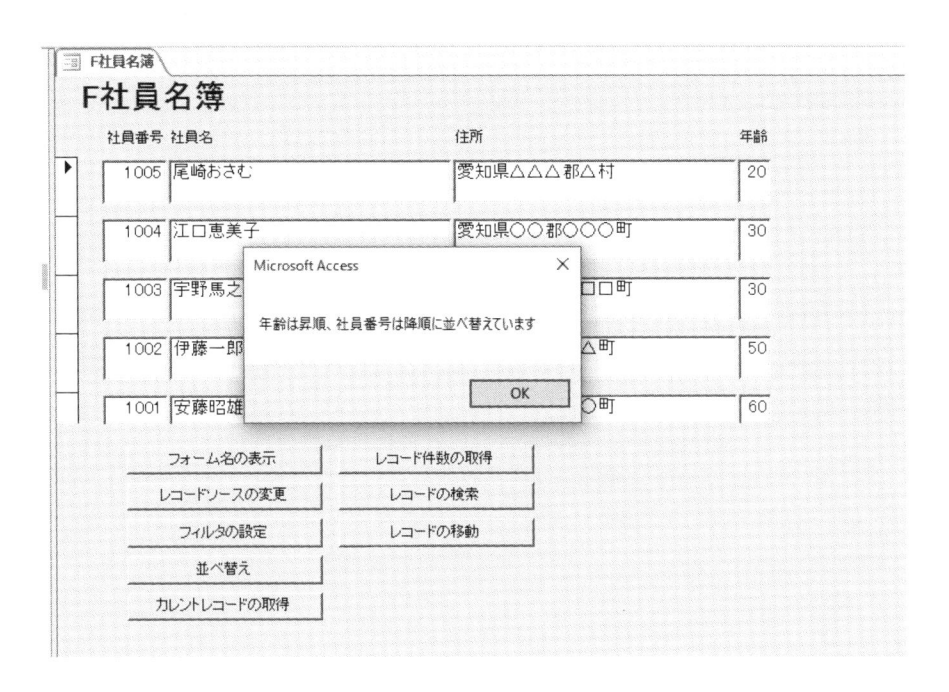

江口さんと宇野さんは同じ年齢ですので、社員番号が大きい江口さんが先になります。

❸ [OK] ボタンをクリックすると再度メッセージが表示され、今度は、年齢、社員番号ともに昇順に並べ替えられます。このとき、社員番号の大きい江口さんは宇野さんの次になります

❹ [OK] ボタンをクリックすると再度メッセージが表示され、並べ替えを解除します

● CurrentRecord プロパティ

CurrentRecord プロパティは、現在のレコード（カレントレコード）のレコード番号を返します。
値の取得のみ可能です。

【書式】 レコード番号 = オブジェクト.CurrentRecord

実際に、コードを記述してその動作を確認します。

❶ フォームモジュールに用意された Sub プロシージャに次のコードを追加してください

```
Private Sub btn5_Click() ' [カレントレコードの取得] ボタン
    MsgBox Me.CurrentRecord & "行目がカレントレコードです"
End Sub
```

❷ [F社員名簿] フォームにある [カレントレコードの取得] ボタンをクリックして実行すると、
現在のカレントレコードをメッセージで表示します。レコードセレクタでカレントレコード
を変更し、メッセージを確認してください

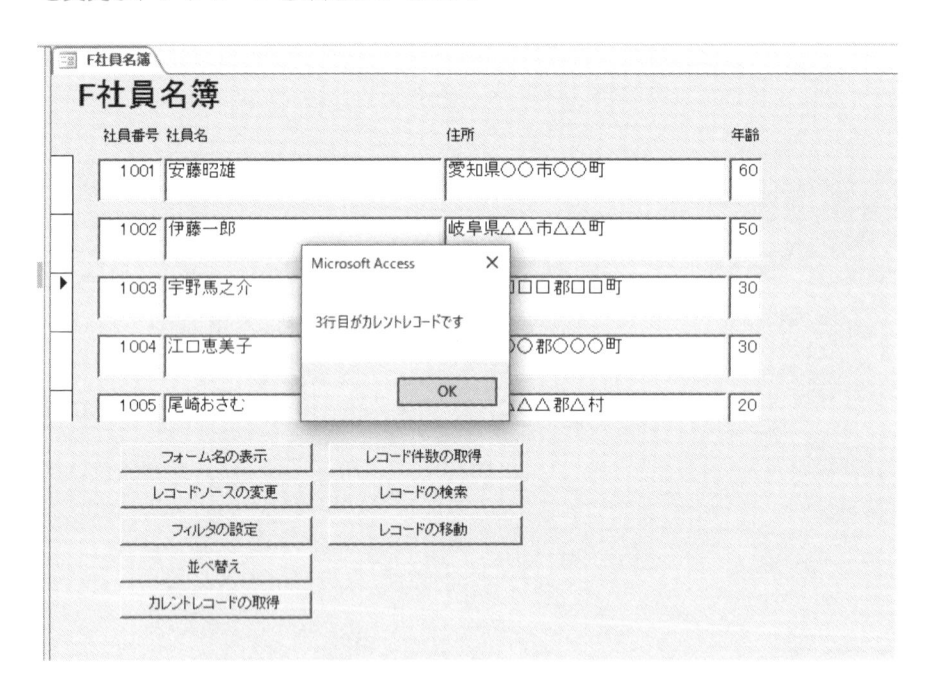

● Recordset.RecordCount プロパティ

Recordset プロパティは、レコードソースによってフォームまたはレポートに設定されているレ
コードセットオブジェクトを参照します。RecordCount プロパティは、その件数を返します。
値の取得のみ可能です。

【書式】 件数 = オブジェクト.Recordset.RecordCount

実際に、コードを記述してその動作を確認します。

❶フォームモジュールに用意されたSubプロシージャに次のコードを追加してください

```
Private Sub btn6_Click() ' [レコード件数の取得] ボタン
    MsgBox Me.Recordset.RecordCount & "件がレコードの総件数です"
End Sub
```

❷[F社員名簿] フォームにある [レコード件数の取得] ボタンをクリックして実行すると、現在のレコードの総件数が表示されます。フォームからレコードを追加し、レコードの総件数が変化することを確認してください

> **memo**
>
> フォームやサブフォームのレコードを更新するとき、更新される前ならば「Undo」メソッドを使用することで、変更を取り消すことができます。Undoメソッドは、フォームやコントロールの変更された値をリセットします。

フォーム・レポートのメソッド

● Recordset.Find系メソッド

フォームのRecordsetプロパティで取得したレコードセットオブジェクトに、Find系メソッドを使用すると、レコードセットから特定のレコードを検索し、カレントレコードにすることができます。

【書式】 オブジェクト.Recordset.FindFirst 条件式
オブジェクト.Recordset.FindLast 条件式
オブジェクト.Recordset.FindNext 条件式
オブジェクト.Recordset.FindPrevious 条件式

各メソッドの検索開始位置と検索方向は、次の通りです。

メソッド	検索開始位置	検索方向
FindFirst	レコードセットの先頭	レコードセットの末尾
FindLast	レコードセットの末尾	レコードセットの先頭
FindNext	カレント レコード	レコードセットの末尾
FindPrevious	カレント レコード	レコードセットの先頭

Find系メソッドで検索して条件を満たす値が見つからなかった場合、レコードセットオブジェクトの**NoMatch プロパティ**は「True」を、見つかった場合は「False」を返します。

実際に、コードを記述してその動作を確認します。

❶ フォームモジュールに用意された Sub プロシージャに次のコードを追加してください

```
Private Sub btn7_Click() ' [レコードの検索] ボタン
    Dim MyName As String
    MyName = InputBox("検索する社員名の一部を入力してください")
    If MyName <> "" Then
        Me.Recordset.FindFirst "社員名 Like '*" & MyName & "*'"
        If Me.Recordset.NoMatch Then
            MsgBox MyName & "を含むレコードが見つかりませんでした"
        Else
            MsgBox MyName & "を含むレコードが見つかりました"
        End If
```

```
    End If
End Sub
```

❷ [F社員名簿] フォームにある [レコードの検索] ボタンをクリックして実行すると、ダイアログボックスが表示されます。ここに検索する社員の社員名の一部を入力すると、該当するレコードを検索します。たとえば「おさむ」と入力すると、「尾崎おさむ」のレコードを検索します

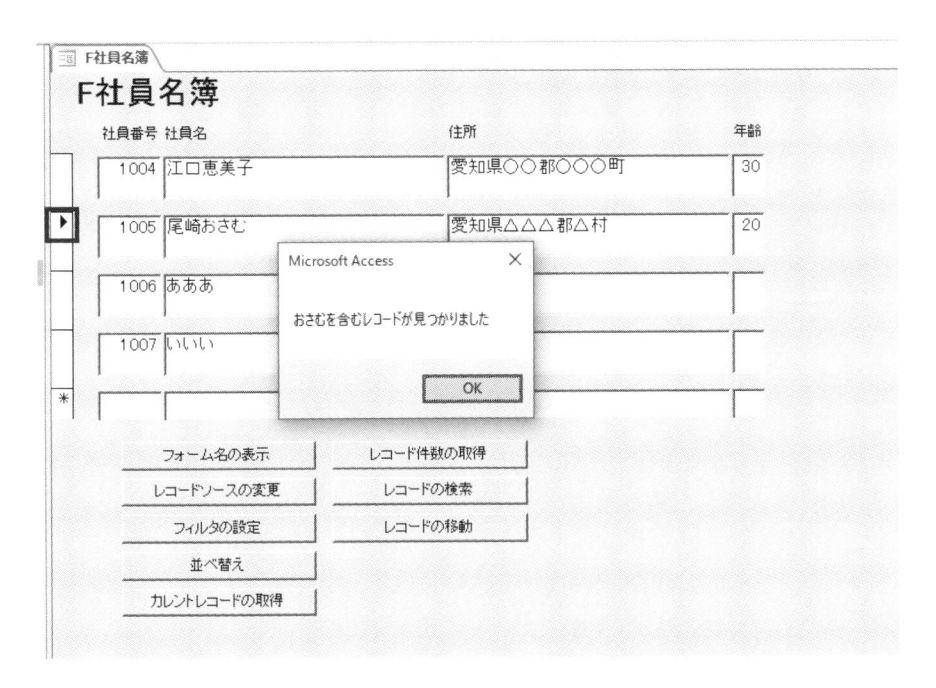

レコードセレクタで「尾崎おさむ」のレコードが、カレントレコードになっていることを確認してください。

❸ 再度実行し、今度は「ひろし」と入力します。すると該当するレコードがないため、NoMatchプロパティはTrueを返し「ひろしを含むレコードが見つかりませんでした」のメッセージが表示されます

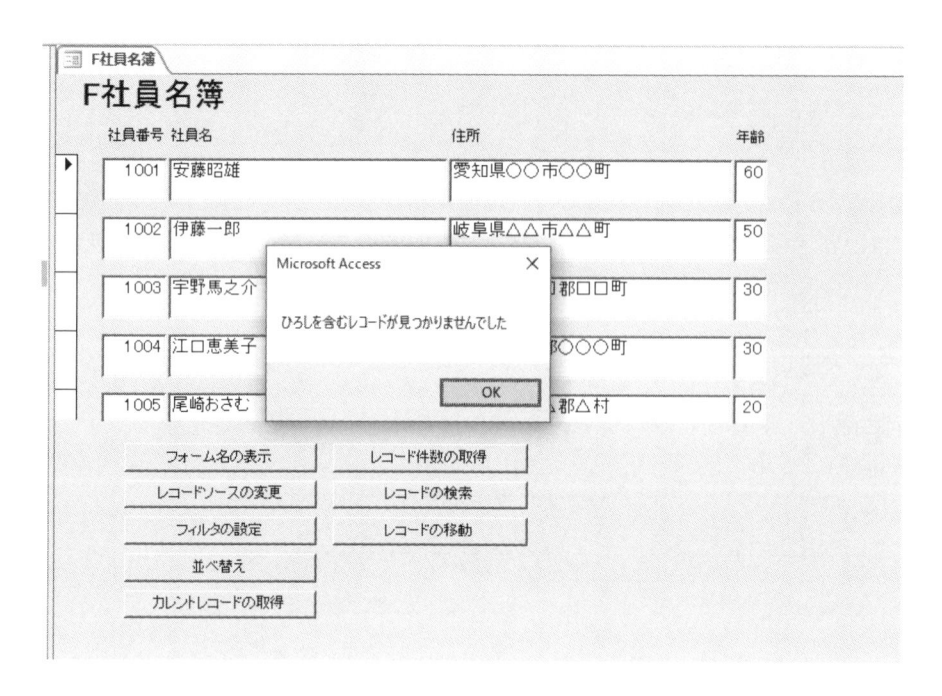

● Recordset.Move系メソッド

フォームのRecordsetプロパティで取得したレコードセットオブジェクトに、Move系メソッド
を使用すると、カレントレコードを移動することができます。

【書式】　オブジェクト.Recordset.MoveFirst
　　　　　オブジェクト.Recordset.MoveLast
　　　　　オブジェクト.Recordset.MoveNext
　　　　　オブジェクト.Recordset.MovePrevious

各メソッドの動作は、次の通りです。

メソッド	説明
MoveFirst	先頭のレコードに移動
MoveLast	最後のレコードに移動
MoveNext	次のレコードに移動
MovePrevious	前のレコードに移動

実際に、コードを記述してその動作を確認します。

❶ フォームモジュールに用意された Sub プロシージャに次のコードを追加してください

```
Private Sub btn8_Click() ' [レコードの移動] ボタン
    With Me.Recordset
        .MoveLast
        MsgBox "最後のレコードに移動しました"
        .MoveFirst
        MsgBox "先頭のレコードに移動しました"
        .MoveNext
        MsgBox "次のレコードに移動しました"
        .MovePrevious
        MsgBox "前のレコードに移動しました"
    End With
End Sub
```

❷ [F社員名簿] フォームにある [レコードの移動] ボタンをクリックして実行すると、カレントレコードが移動します。レコードセレクタでカレントレコードの移動を確認してください

それでは次の実習に移ります。[F社員名簿] フォームを閉じてください。[オブジェクトの保存] ダイアログボックスが表示されるので [はい] ボタンをクリックし、オブジェクトの変更を保存します。

7-2 コントロールの操作

フォームやレポート内に配置されたテキストボックスやコンボボックスなどの部品を**コントロール**と呼びます。コントロールには様々な種類があり、データの入力内容に応じて使い分けることで、使いやすく親切なフォームを設計することができます。

コントロールの参照方法

コントロールの参照方法は次の通りです。

【標準モジュールからフォームのコントロールを参照する】

Forms(" フォーム名"). コントロール名. メソッドまたはプロパティ

【フォームモジュールからフォームのコントロールを参照する】

Me. コントロール名. メソッドまたはプロパティ

また、フォーム内に配置されたサブフォームのコントロールを参照する場合は、次のように記述します。

【標準モジュールからサブフォームのコントロールを参照する】

Forms(" フォーム名"). サブフォーム名.Form. コントロール名. メソッドまたはプロパティ

【フォームモジュールからサブフォームのコントロールを参照する】

Me. サブフォーム名.Form. コントロール名. メソッドまたはプロパティ

コントロールを参照する構文は、上記以外にも様々な記述の仕方があります。

【コントロールを参照するその他の構文】

```
Forms!フォーム名!コントロール名
Forms("フォーム名")("コントロール名")
Forms("フォーム名").Controls("コントロール名")
```

レポートについては、「Forms」を「Reports」に、「フォーム名」を「レポート名」に置き換えます。どの構文で記述しなければならないというルールはありませんが、同じプロジェクト内では、できるだけ統一した方が、可読性が上がりメンテナンスが容易になります。

主なコントロールに共通するプロパティ

● Caption プロパティ／Name プロパティ

Captionプロパティは、コントロールの標題を返します。Nameプロパティはコントロールの名前を返します。

【書式】　キャプション ＝ コントロール.Caption
　　　　　コントロールの名前 ＝ コントロール.Name

では実際に、コードを記述してその動作を確認しましょう。

❶Accessの画面から［Fコントロール］フォームを開きます

❷次に、VBEのプロジェクトエクスプローラから、［Form_Fコントロール］をダブルクリックします

❸フォームモジュールに用意されたSubプロシージャに次のコードを追加してください

```
Private Sub btn1_Click() '[キャプションと名前の取得]ボタン
    MsgBox Me.Caption & "/" & Me.Name
End Sub
```

[Fコントロール] フォームに配置されているコントロール名は図の通りです。

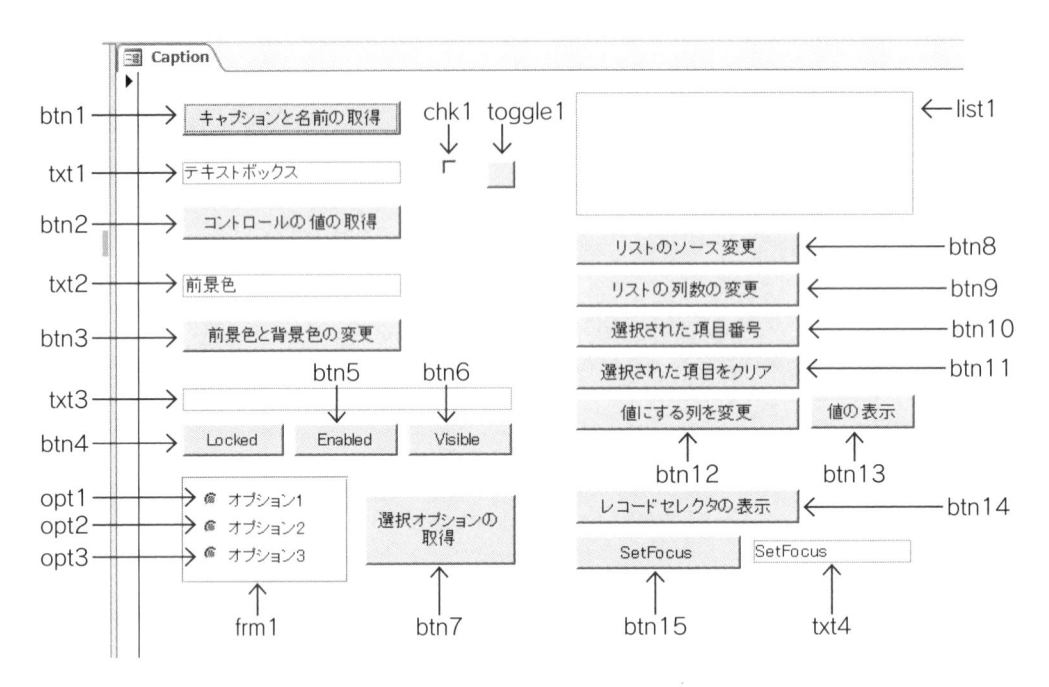

❹ [Fコントロール] フォームにある [キャプションと名前の取得] ボタンをクリックして実行すると、フォームのキャプションと名前が表示されます。表示されるメッセージは左側がキャプションで、右側がフォームの名前になります

● Text プロパティ／Value プロパティ

Textプロパティは、コントロールの文字列を返します。Valueプロパティは、コントロールの値を返します。

【書式】　コントロールの文字列 = コントロール.Text
　　　　　コントロールの値 = コントロール.Value

Textプロパティは、コントロールにフォーカスがない状態では、文字列の取得・設定ができません。

実際に、コードを記述してその動作を確認します。

❶ フォームモジュールに用意された Sub プロシージャに次のコードを追加してください

```
Private Sub btn2_Click() ' [コントロールの値の取得] ボタン
    Dim MyBln1 As Boolean
    Dim MyBln2 As Boolean
    MyBln1 = Me.chk1.Value
    MyBln2 = Me.toggle1.Value
    MsgBox Me.txt1.Value & "/" & MyBln1 & "/" & MyBln2
End Sub
```

❷ [Fコントロール] フォームにある [コントロールの値の取得] ボタンをクリックして実行すると、「テキストボックス/False/False」とメッセージが表示されます

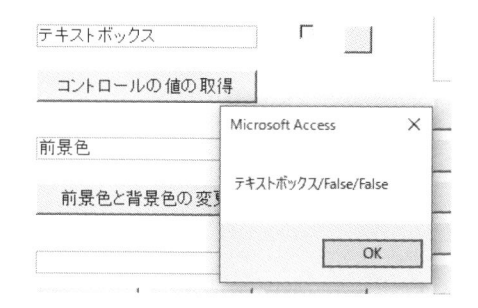

❸ ボタンの上にあるテキストボックスの内容を「あいうえお」に、右側にあるチェックボックスにチェックを入れ、さらに右側にあるトグルボタンを押してください

❹ 再度実行すると、「あいうえお/True/True」と表示されます

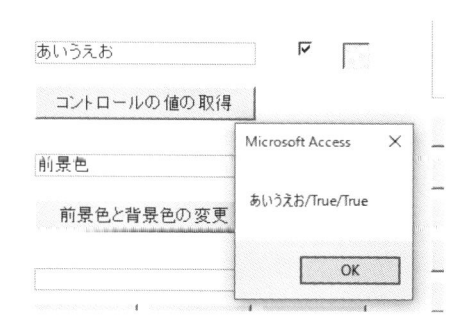

Value プロパティは、テキストボックスの場合は入力されている内容を、チェックボックスの場合はチェックされているかどうかを、トグルボタンの場合は押されているかどうかを、それぞれ返します。

● ForeColor プロパティ／BackColor プロパティ
ForeColor プロパティは、コントロールのテキストの色を設定します。BackColor プロパティは、コントロールの背景色を設定します。

【書式】 コントロール.ForeColor = 前景色
コントロール.BackColor = 背景色

実際に、コードを記述してその動作を確認します。

❶ フォームモジュールに用意されたSubプロシージャに次のコードを追加してください

```
Private Sub btn3_Click()  ' [前景色と背景色の変更] ボタン
    Me.txt2.ForeColor = vbRed
    Me.txt2.BackColor = vbBlack
End Sub
```

❷ [Fコントロール] フォームにある [前景色と背景色の変更] ボタンをクリックして実行すると、
上のテキストボックスの前景色（文字色）が赤に、背景色が黒に変更されます

● Locked プロパティ／Enabled プロパティ／Visible プロパティ

Lockedプロパティは、コントロールのデータが編集できるかどうかを、Enabledプロパティは、
コントロールが有効か無効かを、Visibleプロパティは、コントロールを表示するかどうかを、そ
れぞれ設定します。

【書式】 コントロール.Locked = True またはFalse
コントロール.Enabled = True またはFalse
コントロール.Visible = True またはFalse

実際に、コードを記述してその動作を確認します。

❶ フォームモジュールに用意されたSubプロシージャに次のコードを追加してください

```
Private Sub btn4_Click()  ' [Locked] ボタン
    If Me.txt3.Locked Then
        Me.txt3.Locked = False
```

```
        Me.txt3.Value = "LockedがFalseになりました"
    Else
        Me.txt3.Locked = True
        Me.txt3.Value = "LockedがTrueになりました"
    End If
End Sub

Private Sub btn5_Click() ' [Enabled] ボタン
    If Me.txt3.Enabled Then
        Me.txt3.Enabled = False
        Me.txt3.Value = "EnabledがFalseになりました"
    Else
        Me.txt3.Enabled = True
        Me.txt3.Value = "EnabledがTrueになりました"
    End If
End Sub

Private Sub btn6_Click() ' [Visible] ボタン
    If Me.txt3.Visible Then
        Me.txt3.Visible = False
        Me.txt3.Value = "VisibleがFalseになりました"
    Else
        Me.txt3.Visible = True
        Me.txt3.Value = "VisibleがTrueになりました"
    End If
End Sub
```

❷ [Fコントロール] フォームにある [Locked] ボタンをクリックして実行すると、上のテキストボックスに「LockedがTrueになりました」と表示され、編集ができない状態になります

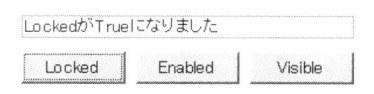

❸ もう一度ボタンを押すと、元に戻ります

❹ 次に、[Enabled] ボタンをクリックすると、テキストボックスが無効になりフォーカスを移すことができなくなります

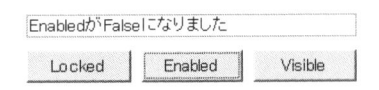

❺ もう一度ボタンを押すと、元に戻ります

❻ 最後に、[Visible] ボタンをクリックすると、テキストボックスが非表示になります

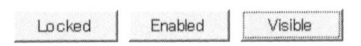

❼ もう一度ボタンを押すと、元に戻ります

オプションボタンに関するプロパティ

● OptionValue プロパティ

OptionValue プロパティは、オプショングループ内のコントロールに割り当てられた数値です。グループ内のどのコントロールが選択されたかを識別するのに用います。

【書式】 コントロール.OptionValue = 設定値

実際に、コードを記述してその動作を確認します。

❶ フォームモジュールに用意された Sub プロシージャに次のコードを追加してください

```
Private Sub btn7_Click() '[選択オプションの取得] ボタン
    Select Case Me.frm1.Value
    Case Me.opt1.OptionValue
        MsgBox "オプション1が選択されています"
    Case Me.opt2.OptionValue
        MsgBox "オプション2が選択されています"
    Case Me.opt3.OptionValue
        MsgBox "オプション3が選択されています"
    Case Else
        MsgBox "オプションが選択されていません"
    End Select
End Sub
```

❷[Fコントロール] フォームにある [選択オプションの取得] ボタンをクリックして実行すると、「オプションが選択されていません」とメッセージが表示されます

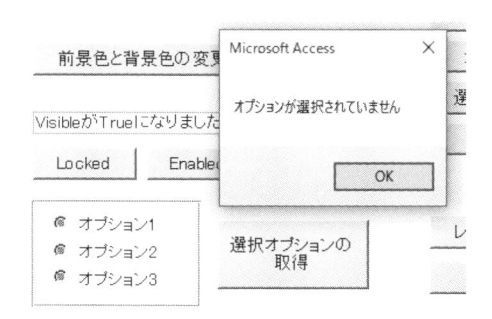

❸左側にある [オプション1] オプションボタンを選択し、再度実行すると、「オプション1が選択されています」と表示されます

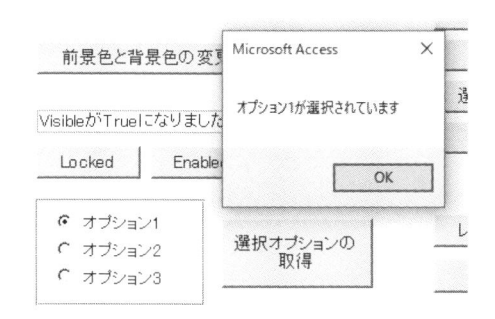

オプショングループで、どのオプションボタンが選択されているかは、オプショングループオブジェクトの**Valueプロパティ**で判別します。このときValueプロパティが返す値は、オプションボタンの**OptionValueプロパティ**の値です。

手順❸で [オプション1] オプションボタンを選択したとき、[frm1] オプショングループのValueプロパティに、[opt1] オプションボタンのOptionValueプロパティの値が格納されました。次にSelect Caseステートメントで、OptionValueプロパティの値により条件分岐させ、選択されたオプションボタンを判別させています。

リストボックス・コンボボックスに関するプロパティ

● RowSourceType プロパティ／RowSource プロパティ
RowSourceTypeプロパティは、リストボックスやコンボボックスに表示するソースのタイプを設定します。RowSourceプロパティは、実際に表示するソースを設定します。

【書式】 コントロール.RowSourceType ＝ 設定値
コントロール.RowSource ＝ 設定値

各プロパティの設定値は次の通りです。

【RowSourceType プロパティの設定値】

設定値	内容
Table/Query	テーブル、クエリ、またはSQLの結果をデータとして使用する
Value List	項目のリストをデータとして使用する
Field List	フィールド名のリストをデータとして使用する

【RowSource プロパティの設定値】

RowSourceType プロパティの設定値	RowSource プロパティの設定値	説明
Table/Query	テーブル名、クエリ名、またはSQL	元になるテーブル名などを指定する
Value List	" 値1; 値2; 値3…"	元になる値を「; (セミコロン)」で区切って指定する
Field List	テーブル名、クエリ名、またはSQL	フィールド名リストの元になるテーブル名などを指定する

実際に、コードを記述してその動作を確認します。

❶ フォームモジュールに用意されたSubプロシージャに次のコードを追加してください

```
Private Sub btn8_Click() ' [リストのソース変更] ボタン
    Select Case Me.frm1.Value
    Case Me.opt1.OptionValue
        Me.list1.RowSourceType = "Table/Query"
        Me.list1.RowSource = "T部署マスタ"
    Case Me.opt2.OptionValue
        Me.list1.RowSourceType = "Value List"
        Me.list1.RowSource = "Value1;Value2;Value3;Value4;Value5"
    Case Me.opt3.OptionValue
        Me.list1.RowSourceType = "Field List"
        Me.list1.RowSource = "T社員名簿"
    Case Else
        MsgBox "オプションが選択されていません"
    End Select
End Sub
```

❷コードを実行する前に、先ほどの［オプション1］オプションボタンを選択しておきます

❸［リストのソース変更］ボタンをクリックして実行すると、リストボックスに［T部署マスタ］の［部署コード］フィールドが表示されます

```
B001
B002
B003
B004
B005
```

    リストのソース変更

❹次に、［オプション2］オプションボタンを選択して実行すると、リストボックスに「Value1、Value2、Value3…」とコード内に記述した項目リストの内容が表示されます

```
Value1
Value2
Value3
Value4
Value5
```

    リストのソース変更

❺次に、［オプション3］オプションボタンを選択して実行すると、［T社員名簿］テーブルのすべてのフィールド名が表示されます

```
社員番号
社員名
住所
年齢
```

    リストのソース変更

◉memo

RowSourceTypeプロパティが「Value List」に設定されているとき、AddItemメソッドを使用してリストボックスに新しい項目を追加できます。

【書式】 コントロール.AddItem 項目, 追加位置

引数「項目」には追加する項目を、引数「追加位置」には、追加するリスト内の位置を指定します。引数「追加位置」は省略することができます。省略すると、リストの末尾に追加されます。

リストボックスから項目を削除するには、RemoveItemメソッドを使用します。

【書式】 コントロール.RemoveItem 項目または項目番号

引数に項目の文字列、または項目番号を指定します。リストボックスの項目番号は0から始まるので注意してください。

● ColumnCount プロパティ

ColumnCount プロパティは、リストボックスやコンボボックスに表示される列数を設定します。

【書式】 コントロール.ColumnCount = 列数

実際に、コードを記述してその動作を確認します。

❶ フォームモジュールに用意された Sub プロシージャに次のコードを追加してください

```
Private Sub btn9_Click() ' [リストの列数の変更] ボタン
    Me.list1.ColumnCount = 2
    Me.list1.RowSourceType = "Table/Query"
    Me.list1.RowSource = "T部署マスタ"
End Sub
```

❷ [Fコントロール] フォームにある [リストの列数の変更] ボタンをクリックして実行すると、[T部署マスタ] テーブルの内容が2列で表示されます

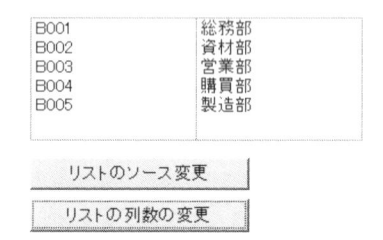

● ListIndex プロパティ

ListIndex プロパティは、リストボックスやコンボボックスで選択された項目の番号を返します。

【書式】 選択された項目番号 = コントロール.ListIndex

ListIndex プロパティはリストボックスで選択されたデータの行番号を返します。行数は「0」から始まります。たとえば、リストボックスの2行目のデータを選択している場合は「1」を、データが何も選択されていないときは「-1」を返します。

実際に、コードを記述してその動作を確認します。

❶ フォームモジュールに用意された Sub プロシージャに次のコードを追加してください

```
Private Sub btn10_Click() ' [選択された項目番号] ボタン
    If Me.list1.ListIndex <> -1 Then
        MsgBox Me.list1.ListIndex + 1 & "行目が選択されています"
    Else
        MsgBox "リストが選択されていません"
    End If
End Sub
```

❷ コードを実行する前に、リストボックスの3行目 [B003 営業部] を選択しておきます

❸ [選択された項目番号] ボタンをクリックして実行すると、「3行目が選択されています」とメッセージが表示されます

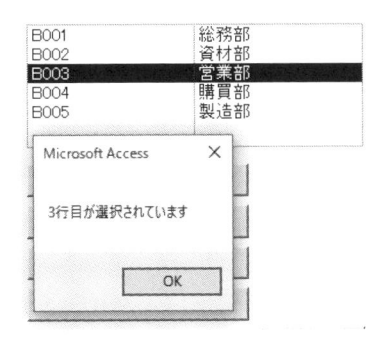

ListIndex プロパティは「0」から行数を開始するため、表示する際に「1」を加算しています。

● Selected プロパティ

Selected プロパティは、リストボックスやコンボボックスの各項目が選択されているかどうかを設定します。

【書式】 コントロール.Selected(項目番号) = True またはFalse

実際に、コードを記述してその動作を確認します。

❶ フォームモジュールに用意された Sub プロシージャに次のコードを追加してください

```
Private Sub btn11_Click() ' [選択された項目をクリア] ボタン
    Dim MyLng As Long
    MyLng = Me.list1.ListIndex
```

次ページへ続く

```
    Me.list1.Selected(MyLng) = False
End Sub
```

❷［Fコントロール］フォームにある［選択された項目をクリア］ボタンをクリックして実行すると、リストボックスの選択項目がクリアされます

これは、変数「MyLng」に現在選択されている項目番号を格納し、Selected プロパティでその項目番号の項目を「False（選択なし）」に変更しているためです。

● BoundColumn プロパティ

BoundColumn プロパティは、リストボックスやコンボボックスのどの列を、コントロールの値として使用するかを設定します。

【書式】コントロール.BoundColumn ＝ 列番号

設定値が「0」のときは列の値ではなく ListIndex プロパティの値が、設定値が「1」以上のときは対応する列の値が、コントロールの値になります。

実際に、コードを記述してその動作を確認します。

❶ フォームモジュールに用意された Sub プロシージャに次のコードを追加してください

```
Private Sub btn12_Click() ' [値にする列を変更] ボタン
    If Me.list1.BoundColumn = 1 Then
        Me.list1.BoundColumn = 2
        Me.btn12.Caption = "2列目の値を取得します"
    Else
        Me.list1.BoundColumn = 1
        Me.btn12.Caption = "1列目の値を取得します"
    End If
End Sub


Private Sub btn13_Click() ' [値の表示] ボタン
    MsgBox Me.list1.Value
End Sub
```

❷［Fコントロール］フォームにある［値にする列を変更］ボタンをクリックして実行すると、ボタンのキャプションが「2列目の値を取得します」に変更されます

❸次にリストボックスの項目をどれか選択し、[値の表示] ボタンをクリックします。選択した
　項目の2列目の値がメッセージで表示されます

❹次に、[2列目の値を取得します] ボタンをクリックすると、ボタンのキャプションが「1列
　目の値を取得します」に変更されます

❺先ほどと同様にリストボックスの項目をどれか選択し、[値の表示] ボタンをクリックすると、
　今度は選択した項目の1列目の値が表示されます

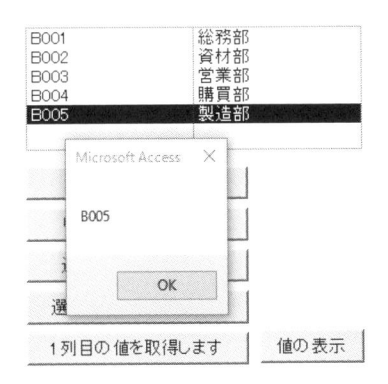

これは、[btn12] ボタンのイベントプロシージャで、[list1] リストボックスのBoundColumn
プロパティを書き換えているためです。BoundColumn プロパティに「1」を設定したときは1
列目が、「2」を設定したときは2列目が、[list1] リストボックスの返す値になります。

その他のプロパティ・メソッド

● RecordSelectors プロパティ
RecordSelectors プロパティは、フォームにレコードセレクタを表示するかどうかを設定します。

【書式】　オブジェクト.RecordSelectors = True または False

実際に、コードを記述してその動作を確認します。

❶ フォームモジュールに用意された Sub プロシージャに次のコードを追加してください

```
Private Sub btn14_Click() ' [レコードセレクタの表示] ボタン
    If Me.RecordSelectors Then
        Me.RecordSelectors = False
    Else
        Me.RecordSelectors = True
    End If
End Sub
```

❷ [Fコントロール] フォームにある [レコードセレクタの表示] ボタンをクリックして実行すると、フォーム左端のレコードセレクタが非表示になります

❸ もう一度ボタンを押すと、元に戻ります

● SetFocus メソッド

SetFocus メソッドは、指定したフォームやコントロールにフォーカスを移動します。

【書式】 コントロール.SetFocus

実際に、コードを記述してその動作を確認します。

❶ フォームモジュールに用意された Sub プロシージャに次のコードを追加してください

```
Private Sub btn15_Click() ' [SetFocus] ボタン
    Me.txt4.SetFocus
End Sub
```

❷ [Fコントロール] フォームにある [SetFocus] ボタンをクリックして実行すると、右側のテキストボックスにフォーカスが移ります

これで第7章の実習を終了します。実習ファイル「B07.accdb」を閉じ、Access を終了します。[オブジェクトの保存] ダイアログボックスが表示されるので [はい] ボタンをクリックし、オブジェクトの変更を保存します。

8

イベントを使った
プログラミング

この章では、Access で発生する様々なイベントを利用して
処理を行う、イベントプロシージャについて詳しく解説しま
す。

イベントプロシージャとは

フォームやレポート、またその上に配置されているコントロールには様々な**イベント**があります。たとえば、コントロールにフォーカスが移った瞬間や、データを更新する前など、**Access で起きる状態や操作の変化は、イベントとしてOS（Windows）を通してプログラムに通知されます。**

イベントプロシージャとは、そのイベントの発生に合わせて実行させたい処理を記述するプロシージャです。ここまでの学習では、あらかじめ用意されたボタンオブジェクトの、Clickイベントのイベントプロシージャにコードを追加することで処理を実行させました。ここではさらに、様々なイベントを応用したプログラミングについて解説します。

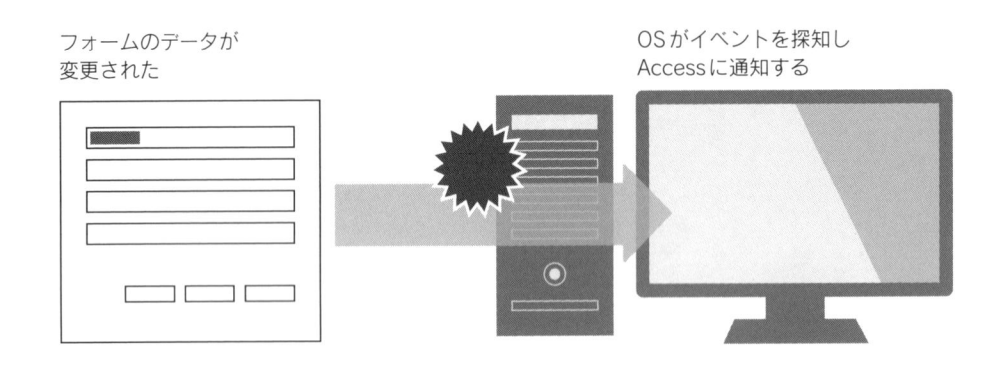

フォームのデータが
変更された

OSがイベントを探知し
Accessに通知する

イベントプロシージャの作成

イベントプロシージャを作成するには、主に次の2つの方法があります。

● デザインビューからの作成
❶Accessで、イベントプロシージャを作成するフォームまたはレポートをデザインビューで表示し、コントロールを選択します

❷プロパティシートの［イベント］タブを選択します。ここに表示されているのが、そのコントロールで使用できるイベントです

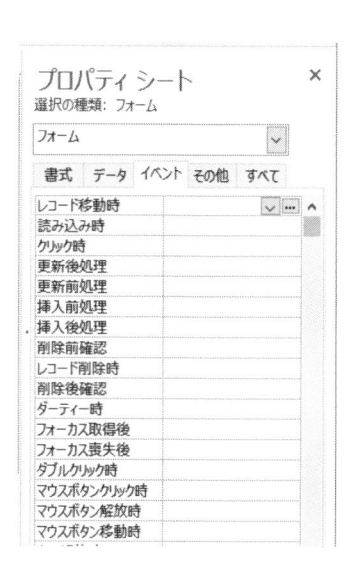

❸イベントを選択し、ドロップダウンメニューから［イベント プロシージャ］を選択します

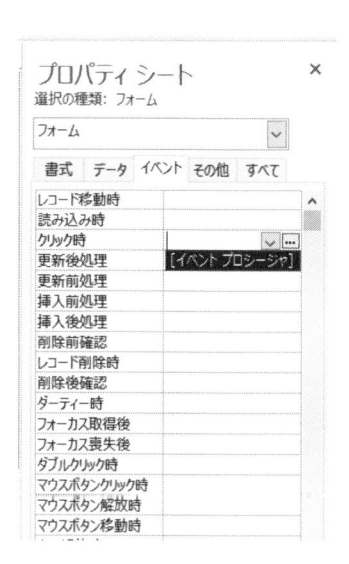

❹右側の［ビルド］ボタンをクリックすると、VBEが起動し選択したイベントプロシージャの
枠組みが自動的に作成されます

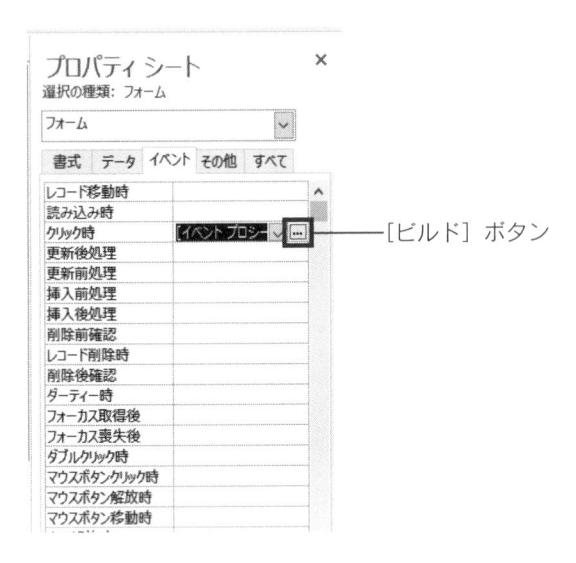

—［ビルド］ボタン

● Visual Basic Editor からの作成

❶VBEで、イベントプロシージャを作成するフォームまたはレポートのモジュールを選択します

❷［オブジェクト］ボックスから、イベントプロシージャを作成したいオブジェクトを選択します。
ここに表示されるのが、イベントプロシージャを作成することのできるオブジェクトです

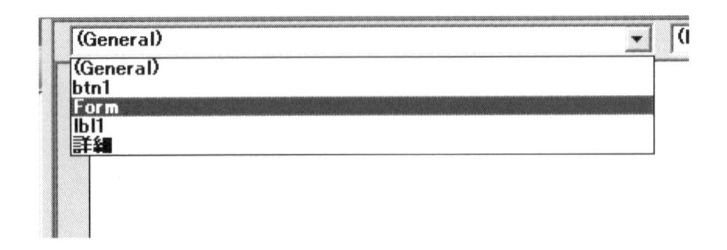

❸次に、［プロシージャ］ボックスから、作成したいイベントを選択します。ここに表示される
のが、選択したオブジェクトで使用できるイベントです

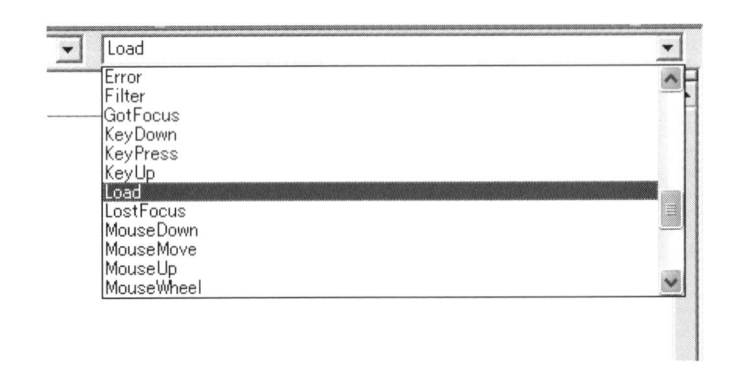

❹選択するとイベントプロシージャの枠組みが自動的に作成されます

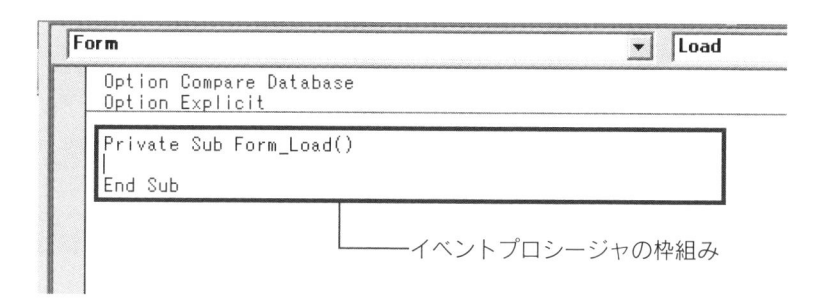

```
Form                                    ▼  Load

    Option Compare Database
    Option Explicit

    Private Sub Form_Load()
    |
    End Sub
```

━━━━━━━━━イベントプロシージャの枠組み

memo

デザインビューから選択したコントロールを右クリックし、表示されたショートカットメニューの［イベントのビルド］を選択したとき、またはVBEの［オブジェクト］ボックスからオブジェクトを選択したとき、そのオブジェクトの最もよく使用されるイベントプロシージャの枠組みが、自動的に作成されます。

重要！

一度もイベントプロシージャを作成していないフォームで、VBEからイベントプロシージャを作成しようとすると、プロジェクトエクスプローラに対象となるフォームのフォームモジュールが表示されません。この場合、対象となるフォームをデザインビューで開き、リボンの［デザイン］タブ→［ツール］グループ→［コードの表示］ボタンをクリックしてください。VBEのプロジェクトエクスプローラにフォームモジュールが追加され、［オブジェクト］ボックスや［プロシージャ］ボックスが使用できるようになります。またこの操作は、レポートでも同じです。

8-2 主なイベント
プロシージャ

ウィンドウイベント

「ウィンドウイベント」は、フォームやレポートを開くまたは閉じるなど、主にウィンドウの操作時に発生するイベントです。

● Open イベント／Load イベント／Activate イベント

Openイベントは、フォームが開き最初のレコードが表示される前、またはレポートがプレビュー・印刷される前に発生します。Loadイベントは、フォームまたはレポートが開きレコードが表示されるときに発生します。Activateイベントは、フォームまたはレポートがフォーカスを受け、アクティブになるときに発生します。

フォームまたはレポートを開くと、**Open → Load → Activate**の順でイベントが発生します。Openイベントはキャンセルすることができますが、Loadイベント、Activateイベントはキャンセルできません。イベントをキャンセルするには、イベントプロシージャの**引数「Cancel」**に**「True」**を設定します。また、複数のウィンドウを開いていて切り替える場合、アクティブになったウィンドウにActivateイベントが発生します。

では実際に、コードを記述してその動作を確認しましょう。

❶実習ファイル「B08.accdb」を開いてください

❷VBEを起動します

❸プロジェクトエクスプローラから、[Form_Fウィンドウイベント] をダブルクリックします

❹先ほど解説した方法で、コードウィンドウに次のイベントプロシージャを作成してください

```
Private Sub Form_Open(Cancel As Integer)
    Dim StrPass As String
    StrPass = InputBox("パスワードを入力してください")
```

```
    If StrPass = "pass" Then
        MsgBox "正しいパスワードが入力されました"
    Else
        MsgBox "パスワードが間違っています"
        Cancel = True
    End If
End Sub
```

[Fウィンドウイベント] フォームに配置されているコントロール名は図の通りです。

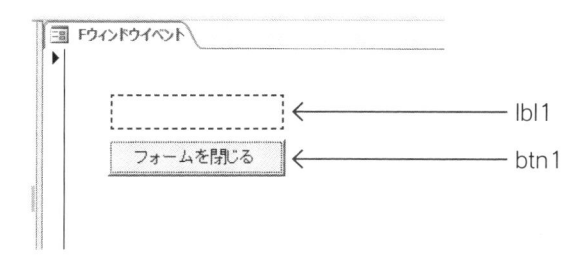

❺Accessに戻ると [Fウィンドウイベント] フォームが、デザインビューで開いているので保存して閉じます

❻[Fウィンドウイベント] フォームをダブルクリックし、フォームビューで開きます。フォームを開くと、Openイベントが発生し上のコードが実行されます

❼ダイアログボックスが表示され、パスワードの入力を求められるので「pass」と入力します。「正しいパスワードが入力されました」とメッセージが表示され、フォームが開きます

❽他の文字列を入力するとOpenイベントがキャンセルされ、フォームが開きません

●Unloadイベント／Deactivateイベント／Closeイベント
Unloadイベントは、フォームまたはレポートを閉じるとき、フォームが画面から表示されなくなる前に発生します。Deactivateイベントは、フォームまたはレポートがフォーカスを失うときに発生します。Closeイベントは、フォームまたはレポートが閉じられ画面に表示されなくなるときに発生します。

フォームまたはレポートを閉じると、**Unload** → **Deactivate** → **Close**の順でイベントが発生します。Unloadイベントはキャンセルすることができますが、Deactivateイベント、Closeイベントはキャンセルできません。また、複数のウィンドウを開いていて切り替える場合、アクティブでなくなったウィンドウにDeactivateイベントが発生します。

では実際に、コードを記述してその動作を確認しましょう。

❶開いている［Fウィンドウイベント］フォームの［×］ボタンをクリックして閉じます

❷VBE のコードウィンドウに、次のイベントプロシージャを作成してください

```
Private Sub Form_Unload(Cancel As Integer)
    If Me.lbl1.Caption = "" Then
        MsgBox "フォームの閉じるボタンから終了させてください"
        Cancel = True
    End If
End Sub


Private Sub btn1_Click()
    Me.lbl1.Caption = "1"
    DoCmd.Close
End Sub
```

❸Accessに戻ると［Fウィンドウイベント］フォームが、デザインビューで開いているので保存して閉じます

❹[Fウィンドウイベント］フォームをフォームビューで開きます。パスワードは「pass」と入力します

❺[Fウィンドウイベント］フォームを［×］ボタンで閉じようとすると、「フォームの閉じるボタンから終了させてください」とメッセージが表示され、閉じることができません

これは［lbl1］ラベルのキャプションが「" "（空の文字列)」のとき、Unload イベントでフォームの終了をキャンセルしているからです。

❻次に［btn1］ボタン（[フォームを閉じる]ボタン）をクリックすると、フォームが閉じます

これは、[btn1］ボタンのClickイベントで［lbl1］ラベルのキャプションに「1」を設定し、DoCmdオブジェクトのClose メソッドでフォームを閉じているからです。[lbl1］ラベルのキャプションが空の文字列でないため、Unloadイベントはキャンセルされず、フォームが閉じます。

データイベント

「データイベント」は、データを更新または削除するなど、主にデータの変更時に発生するイベントです。

● BeforeUpdate イベント／ AfterUpdate イベント

BeforeUpdate イベントは、変更されたレコードが更新される前に発生します。AfterUpdate イベントは、変更されたレコードが更新された後に発生します。

レコードが更新されると、**BeforeUpdate → AfterUpdate** の順でイベントが発生します。BeforeUpdate イベントはキャンセルすることができますが、AfterUpdate イベントはキャンセルできません。

では実際に、コードを記述してその動作を確認しましょう。

❶ VBE のプロジェクトエクスプローラから、[Form_F データイベント] をダブルクリックします

❷ コードウィンドウに次のイベントプロシージャを作成してください

```
Private Sub Form_BeforeUpdate(Cancel As Integer)
    Me.bkosin.Value = Date
End Sub
```

[F データイベント] フォームに配置されているコントロール名は図の通りです。

❸Accessに戻ると［Fデータイベント］フォームが、デザインビューで開いているのでフォームビューに切り替えます

❹フォームの［部署名］フィールドを適当な文字列に書き換えます。次のレコードに移動するときBeforeUpdateイベントが発生し、［bkosin］テキストボックス（［更新日］フィールド）を現在の日付に書き換えます

● BeforeInsert イベント／AfterInsert イベント

BeforeInsert イベントは、新規のレコードが追加される前（最初の文字が入力されるとき）に発生します。AfterInsert イベントは、新規のレコードが追加された後に発生します。

レコードが追加されると、**BeforeInsert → BeforeUpdate → AfterUpdate → AfterInsert**の順でイベントが発生します。BeforeInsert イベントはキャンセルすることができますが、AfterInsert イベントはキャンセルできません。

では実際に、コードを記述してその動作を確認しましょう。

❶VBEのコードウィンドウに、次のイベントプロシージャを作成してください

```
Private Sub Form_BeforeInsert(Cancel As Integer)
    Dim MyCode As String
    MyCode = DMax("部署コード", "T部署マスタ")
    MyCode = Format(Right(MyCode, 3) + 1, "000")
    Me.bcode.Value = "B" & MyCode
End Sub
```

❷フォームの6行目に、新規レコードを作成してください

❸ [部署名] フィールドに適当な文字列を入力すると、[bcode] テキストボックス（[部署コード]
フィールド）に「B006」が設定されます。

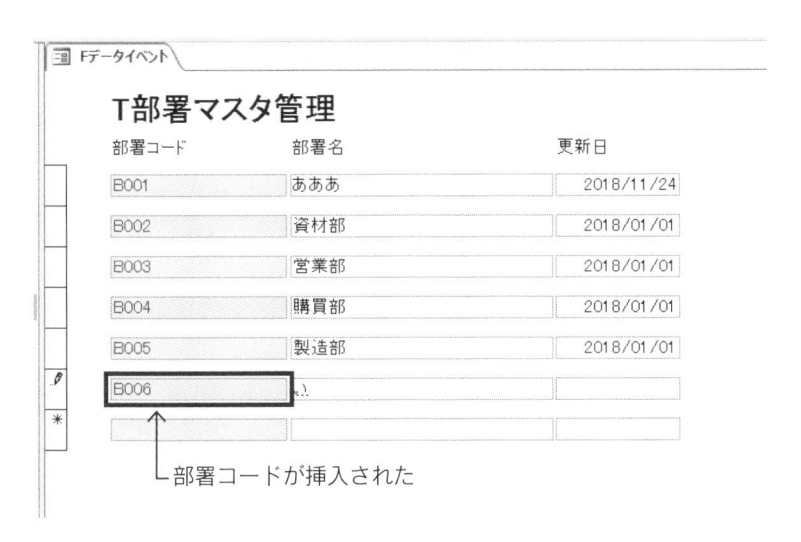

部署コードが挿入された

BeforeInsert イベントで新規レコードが追加される前に、❶で記述したコードが実行され、部
署コードの最大値に「1」を加算した部署コードが設定されます

❹ [更新日] フィールドは何も入力せずに [Enter] キーを押すと、先ほど作成した BeforeUpdate
イベントのイベントプロシージャによって現在の日付が自動的に設定されます

現在の日付が
挿入された

❺ 新規レコードを2～3件追加してください

● Delete イベント／BeforeDelConfirm イベント／AfterDelConfirm イベント

Delete イベントは、レコードが削除される前に発生します。BeforeDelConfirm イベントは、削
除を確認するダイアログボックスが表示される前に発生します。AfterDelConfirm イベントは、
レコードが削除された後に発生します。

レコードが削除されると、**Delete → BeforeDelConfirm → AfterDelConfirm**の順でイベント
が発生します。Deleteイベントはレコードの削除をキャンセルすることができます。

複数のレコードを一括して削除する場合、レコードごとにDeleteイベントが発生します。
BeforeDelConfirmイベントは、Deleteイベントが発生した後、一度だけ発生します。複数のレ
コードを一括して削除する場合、Deleteイベントが複数回発生した後、一度だけ発生するので、
複数レコードの削除確認をまとめて行うには、BeforeDelConfirmイベントを利用します。

AfterDelConfirmイベントは、レコードが削除された後に発生します。削除がキャンセルされた
場合にも、発生します。

では実際に、コードを記述してその動作を確認しましょう。

❶VBEのコードウィンドウに、次のイベントプロシージャを作成してください

```
Private Sub Form_BeforeDelConfirm(Cancel As Integer, Response As Integer)
    If MsgBox("選択されたデータを削除してもいいですか？", _
                        vbOKCancel + vbInformation) = vbCancel Then
        Cancel = True
    Else
        DoCmd.SetWarnings False
    End If
End Sub


Private Sub Form_AfterDelConfirm(Status As Integer)
    If Status = acDeleteOK Then
        DoCmd.SetWarnings True
    End If
End Sub
```

❷フォームのレコードセレクタで、先ほど追加したレコードを複数選択します

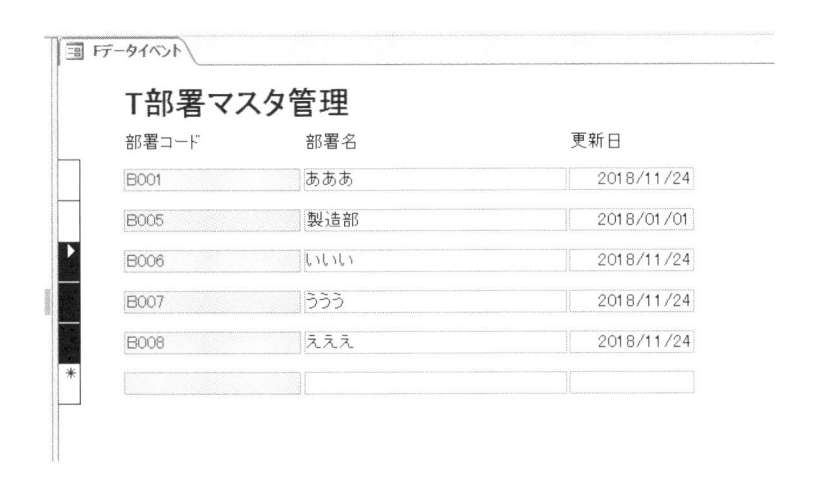

❸ Delete キーを押すと、BeforeDelConfirm イベントが発生し「選択されたデータを削除しても
いいですか？」とメッセージが表示されます

❹ [OK] ボタンをクリックすると、選択したレコードが削除されます。このとき、本来は次の図
のようなシステムによる確認メッセージが表示されますが、DoCmd オブジェクトの
SetWarnings メソッドで表示させないように設定しています

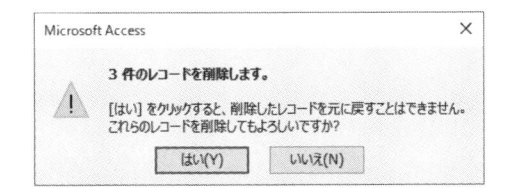

また削除した後に発生する AfterDelConfirm イベントで、システムメッセージの設定を元に戻し
ています。

> **◆memo**
> AfterDelConfirm イベントの引数「Status」には、削除が行われた場合「acDeleteOK」が、削
> 除がキャンセルされた場合「acDeleteCancel」が、それぞれ返ります。

キーボード／マウスイベント

「キーボードイベント」はキーの押下時に、「マウスイベント」はマウスのクリック時に発生する
イベントです。

● KeyDown イベント／ KeyPress イベント／ KeyUp イベント／ Change イベント

KeyDown イベントは、キーを押したときに発生します。KeyPress イベントは、ANSI 文字コー
ドに対応するキーを入力したときに発生します。KeyUp イベントは、キーを離したときに発生

します。それぞれのイベントは、フォームまたはコントロールにフォーカスがある状態のときに発生します。Changeイベントは、コントロールの内容が変化したときに発生します。

キーボードのANSIキーが押されると、**KeyDown** → **KeyPress** → **Change** → **KeyUp**の順でイベントが発生します。ANSIキー以外のキーが押されたときは、KeyPressイベントは発生しません。たとえば、アルファベットの A キーはANSI文字コードに対応しているため、KeyPressイベントが発生します。 Shift キーが押されたときは、ANSI文字コードに対応していないため、KeyPressイベントは発生しません。

◆memo

ANSI文字コードとは、米国規格協会（American National Standards Institute）が定めた文字セットです。標準的なキーボードのアルファベットや記号に対応しています。

---

❶VBEのプロジェクトエクスプローラから、[Form_Fキーボード/マウスイベント] をダブルクリックします

❷コードウィンドウに次のイベントプロシージャを作成してください

```
Private Sub txt1_KeyDown(KeyCode As Integer, Shift As Integer)
    Me.lbl1.Caption = "ANSI以外のキーが押されました"
End Sub


Private Sub txt1_KeyPress(KeyAscii As Integer)
    Me.lbl1.Caption = "ANSIキーが押されました"
    If Len(Me.txt1.Text) >= 10 Then
        Me.lbl1.Caption = "10文字以上入力できません"
        KeyAscii = 0
    End If
End Sub
```

[Fキーボード/マウスイベント] フォームに配置されているコントロール名は図の通りです。

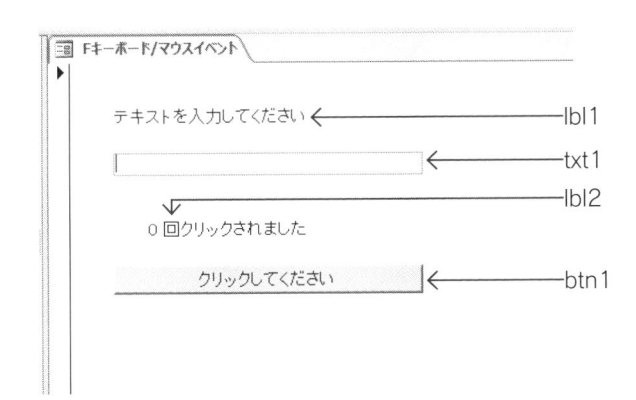

❸Access に戻ると［Fキーボード/マウスイベント］フォームが、デザインビューで開いているのでフォームビューに切り替えます

❹フォームのテキストボックスに半角英数字で適当な文字を入力してください。たとえば、アルファベットの A キーが押された場合、［lbl1］ラベルに「ANSIキーが押されました」と表示されます。 Shift キーが押された場合、「ANSI以外のキーが押されました」と表示されます

【アルファベットの A キーが押された場合】

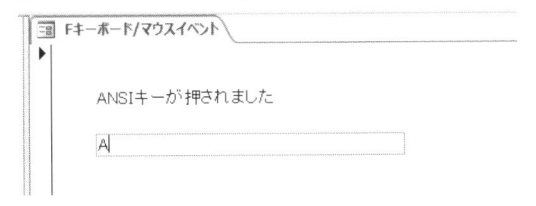

【 Shift キーが押された場合】

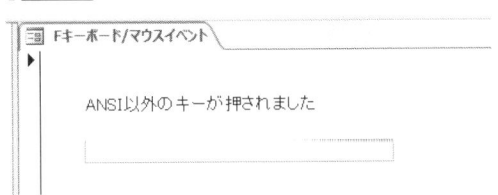

これはキーを押したとき、まずKeyDownイベントが発生し、ラベルのキャプションを「ANSI以外のキーが押されました」に変更します。次に、押されたキーがANSIキーのときだけKeyPressイベントが発生し、ラベルのキャプションを「ANSIキーが押されました」に変更するからです。ANSI以外のキーが押されたときは、KeyPressイベントが発生しないため変更されません。

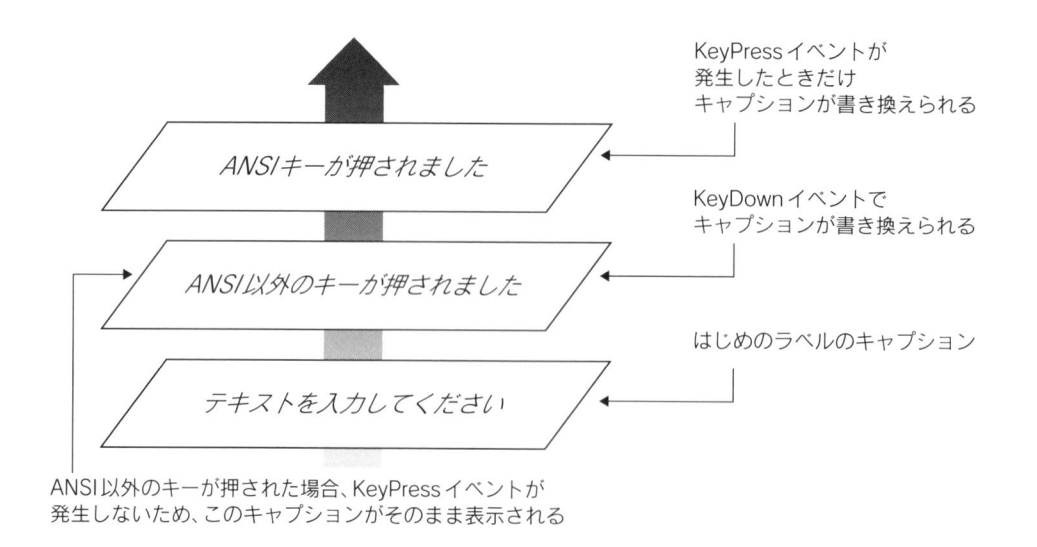

KeyPress イベントが
発生したときだけ
キャプションが書き換えられる

ANSI キーが押されました

KeyDown イベントで
キャプションが書き換えられる

ANSI以外のキーが押されました

はじめのラベルのキャプション

テキストを入力してください

ANSI以外のキーが押された場合、KeyPress イベントが
発生しないため、このキャプションがそのまま表示される

また、テキストボックスに10文字を超える文字を入力しようとすると、「10文字以上入力できません」と表示し、入力を受け付けません。KeyPress イベントで、10文字以上の入力に対しては「KeyAscii = 0」でキーの入力を無効にしています。

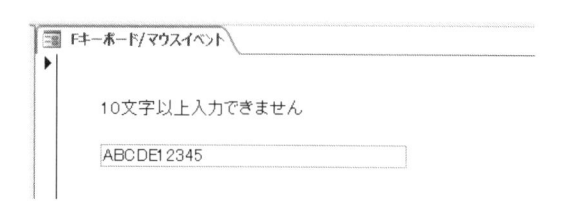

> **◎ memo**
>
> KeyDown イベントでキーの操作を無効にするには、イベントプロシージャ内で「KeyCode = 0」を設定します。

● Click イベント

Click イベントは、オブジェクトの上でマウスの左ボタンをクリックしたときに発生します。右または中央のボタンをクリックしても、Click イベントは発生しません。

では実際に、コードを記述してその動作を確認しましょう。

❶VBE のコードウィンドウに、次のイベントプロシージャを作成してください

```
Private Sub btn1_Click()
    Me.lbl2.Caption = Me.lbl2.Caption + 1
End Sub
```

❷フォームの［btn1］ボタン（［クリックしてください］ボタン）をクリックすると、［lbl2］ラベルの数値が加算され、クリックされた回数を表示します

3 回クリックされました

```
        クリックしてください
```

印刷イベント

「印刷イベント」は、レポートの印刷時に発生するイベントです。

● Format イベント

Formatイベントは、レポートをプレビュー・印刷する際、各セクションに含まれるデータを判別するときに発生します。Formatイベントは、セクションごとに発生します。

Formatイベントが発生したときに、PrintSectionプロパティを利用することで、レポートの各セクションを印刷するかどうかを設定することができます。たとえば、「Me.PrintSection = False」をレポートヘッダーセクションのFormatイベントに記述した場合、レポートヘッダーは印刷されません。Trueを設定すると、印刷されます。

> **💬 memo**
>
> Formatイベントと改ページコントロールを組み合わせることで、任意の件数でレポートを改ページすることができます。改ページコントロールはVisibleプロパティがTrueのとき改ページを行い、Falseのときは改ページを行いません。

では実際に、コードを記述してその動作を確認しましょう。

❶VBEのプロジェクトエクスプローラから、［Report_R 印刷イベント］をダブルクリックします

❷コードウィンドウに次のイベントプロシージャを作成してください

```
Private Sub グループヘッダー_Format(Cancel As Integer, FormatCount As Integer)
    Me.PrintSection = False
End Sub


Private Sub ページヘッダーセクション_Format(Cancel As Integer, FormatCount As
Integer)
```

次ページへ続く

```
    Me.改ページ.Visible = False
    Me.カウント.Value = 0
End Sub


Private Sub 詳細_Format(Cancel As Integer, FormatCount As Integer)
    If Me.単価.Value >= 10000 Then
        Me.詳細.BackColor = vbYellow
    Else
        Me.詳細.BackColor = vbWhite
    End If
    If Me.カウント.Value = 10 Then
        Me.改ページ.Visible = True
    Else
        Me.改ページ.Visible = False
    End If
    Me.カウント.Value = Me.カウント.Value + 1
End Sub
```

[R印刷イベント] レポートに配置されているコントロール名は図の通りです。

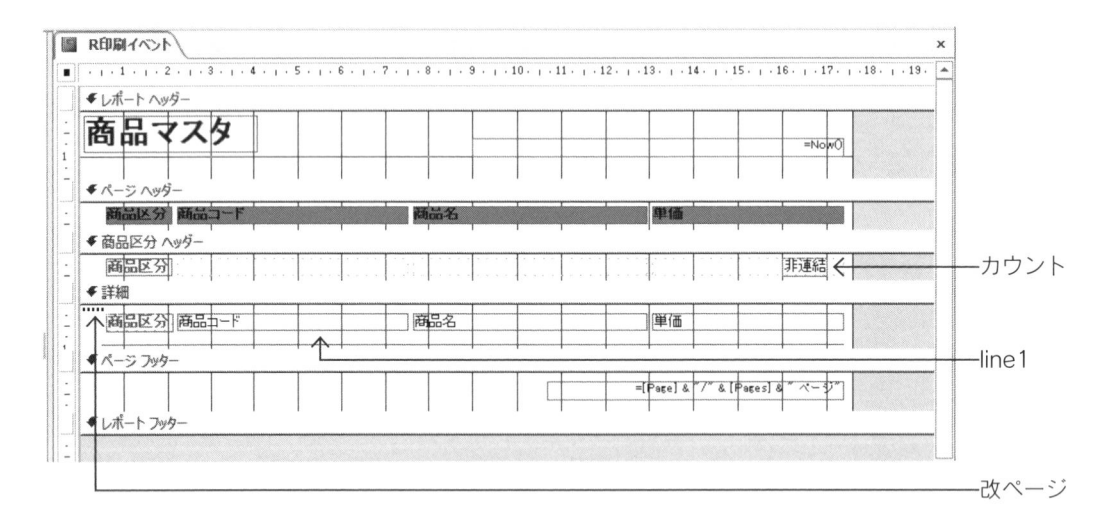

❸Access に戻ると [R印刷イベント] レポートが、デザインビューで開いているので保存して
　閉じます

❹[R印刷イベント] レポートをレポートビューで開きます

上のコードは、まずグループヘッダーのFormatイベントで、PrintSectionプロパティにFalseを設定しています。これにより印刷時にはグループヘッダーが印刷されなくなります。

次に、ページヘッダーセクションのFormatイベントで、詳細セクションに配置された [改ページ] コントロールのVisibleプロパティをFalseに、[カウント] テキストボックスの値を0に設定します。

詳細セクションのFormatイベントで、[単価] フィールドが10000以上のレコードは、背景色を黄色に設定しています。さらに、[カウント] テキストボックスの値が10のときに、改ページコントロールのVisibleプロパティをTrueにしてレポートを改ページさせています。

❺ レポートを印刷プレビューに変更してください。コードが実行され、図のレポートが作成されます

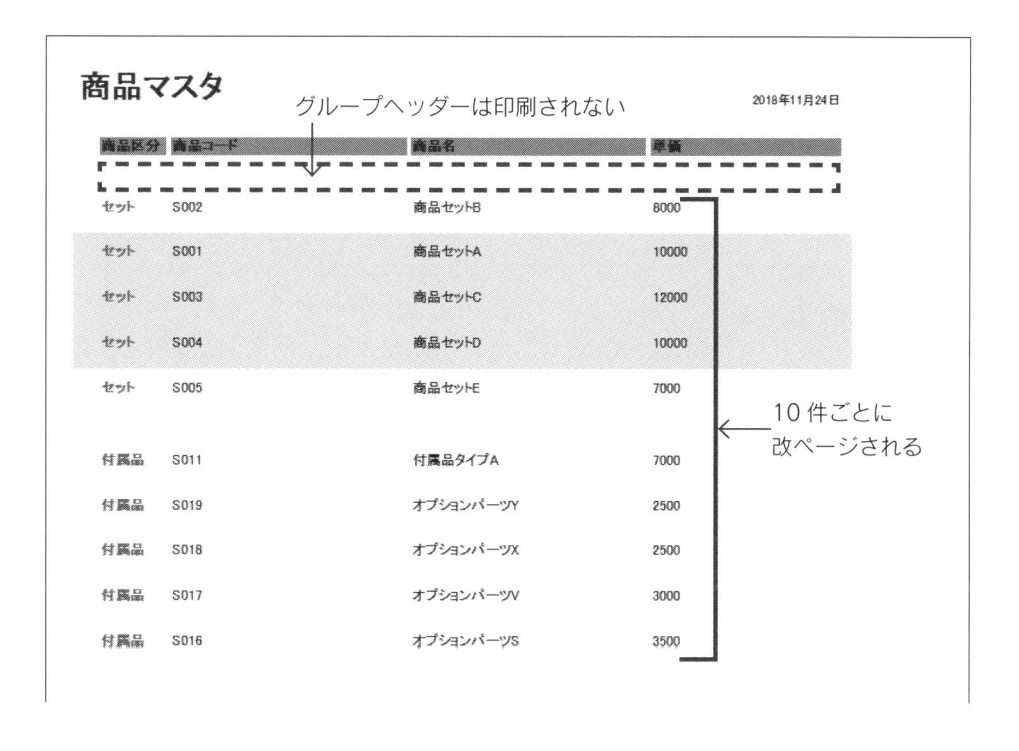

商品区分	商品コード	商品名	単価
付属品	S015	付属品タイプE	5000
付属品	S014	付属品タイプD	5000
付属品	S013	付属品タイプC	5000
付属品	S012	付属品タイプB	6000
付属品	S020	オプションパーツZ	11000
本体	S006	商品本体A	5000
本体	S007	商品本体B	4000
本体	S008	商品本体C	6000
本体	S010	商品本体E	4000
本体	S009	商品本体D	5000

単価が 10000 以上なら背景色は黄色

● Print イベント

Print イベントは、各セクションのデータがフォーマットされた後、実際にプレビュー・印刷する前に発生します。

Print イベントは、実際に印刷されるセクションで発生します。印刷されないセクションのデータを利用する必要があるときは、Format イベントを使用します。

では実際に、コードを記述してその動作を確認しましょう。

❶VBEのコードウィンドウに、次のイベントプロシージャを作成してください

```
Private Sub 詳細_Print(Cancel As Integer, PrintCount As Integer)
    Me.line1.Visible = True
End Sub
```

❷レポートを印刷プレビューにするとコードが実行され、各レコードの間に直線が表示されます。これは、詳細セクションのPrint イベントで、[line1] コントロールのVisible プロパティをTrueに設定しているため、レコードとレコードの間に直線が表示されます

商品マスタ 2018年11月24日

商品区分	商品コード	商品名	単価
セット	S002	商品セットB	8000
セット	S001	商品セットA	10000
セット	S003	商品セットC	12000
セット	S004	商品セットD	10000
セット	S005	商品セットE	7000
付属品	S011	付属品タイプA	7000
付属品	S019	オプションパーツY	2500
付属品	S018	オプションパーツX	2500
付属品	S017	オプションパーツV	3000
付属品	S016	オプションパーツS	3500

レコードの間に直線が表示される

● NoData イベント

NoData イベントは、印刷するレコードが1件もない場合に発生します。

NoData イベントは、キャンセルすることができます。NoData イベントをキャンセルすることで、空白のレポートを印刷させないようにすることができます。

では実際に、コードを記述してその動作を確認しましょう。

❶ VBE のコードウィンドウに、次のイベントプロシージャを作成してください

```
Private Sub Report_Open(Cancel As Integer)
    Me.RecordSource = "T商品マスタ_空"
End Sub


Private Sub Report_NoData(Cancel As Integer)
    MsgBox "印刷するデータがありません"
    Cancel = True
End Sub
```

❷ Access に戻ると［R印刷イベント］レポートが、デザインビューで開いているので保存して閉じます

❸レポートを印刷プレビューで開くと、コードが実行されます。レポートのOpenイベントでレポートのレコードソースを［T商品マスタ_ 空］テーブルに変更します。このテーブルには、1件もレコードがありません。そのためNoDataイベントが発生し、「印刷するデータがありません」のメッセージを表示した後、印刷がキャンセルされます

その他のイベント

その他にも覚えておいた方がよい、便利なイベントを解説します。

● GotFocusイベント／Exitイベント
GotFocusイベントは、オブジェクトにフォーカスが移ったときに発生します。Exitイベントは、フォーカスが他のコントロールに移る前に発生します。

Exitイベントは、フォーカスを失う側のコントロールに、GotFocusイベントは、フォーカスが移る側のコントロールに、それぞれ発生します。

では実際に、コードを記述してその動作を確認しましょう。

❶VBEのプロジェクトエクスプローラから、［Form_Fその他のイベント］をダブルクリックします

❷コードウィンドウに次のイベントプロシージャを作成してください

```
Private Sub txt1_Exit(Cancel As Integer)
    Me.lbl1.Caption = "フォーカスを取得していません"
End Sub


Private Sub txt1_GotFocus()
    Me.lbl1.Caption = "フォーカスを取得しました"
End Sub


Private Sub txt2_Exit(Cancel As Integer)
    Me.lbl2.Caption = "フォーカスを取得していません"
End Sub


Private Sub txt2_GotFocus()
    Me.lbl2.Caption = "フォーカスを取得しました"
```

```
End Sub


Private Sub txt3_Exit(Cancel As Integer)
    Me.lbl3.Caption = "フォーカスを取得していません"
End Sub


Private Sub txt3_GotFocus()
    Me.lbl3.Caption = "フォーカスを取得しました"
End Sub
```

［Fその他のイベント］フォームに配置されているコントロール名は図の通りです。

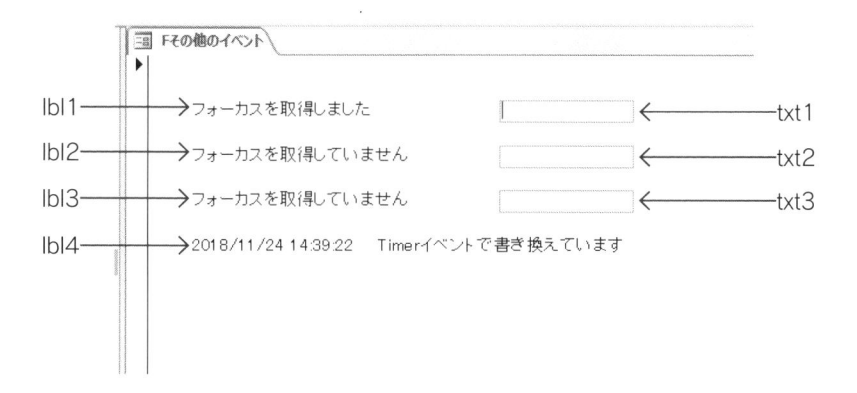

❸Accessに戻ると［Fその他のイベント］フォームが、デザインビューで開いているので
　フォームビューに切り替えます

❹フォームのテキストボックスにフォーカスを移すと、GotFocusイベントが発生し、左側にあ
　るラベルのキャプションを「フォーカスを取得しました」に変更します

❺他のテキストボックスにフォーカスを移すとExitイベントが発生し、ラベルのキャプションを
　「フォーカスを取得していません」に変更します

● Timer イベント

Timerイベントは、一定の時間間隔で発生するイベントです。時間間隔は、フォームの
TimerIntervalプロパティで設定します。

TimerIntervalプロパティは、時間をミリ秒単位で指定します。たとえば、「Me.TimerInterval =
1000」と設定した場合、1秒間隔でTimerイベントが発生します。

では実際に、コードを記述してその動作を確認しましょう。

❶VBEのコードウィンドウに、次のイベントプロシージャを作成してください

```
Private Sub Form_Load()
    Me.TimerInterval = 1000
End Sub


Private Sub Form_Timer()
    Me.lbl4.Caption = Now & Space(4) & "Timerイベントで書き換えています"
End Sub
```

❷Accessに戻ると［Fその他のイベント］フォームが、デザインビューで開いているので保存
して閉じます

フォームを開くと、コードを実行します。フォームのLoadイベントでTimerIntervalプロパティ
に「1000」を設定しています。そのため1秒ごとにTimerイベントが発生し、［lbl4］ラベルの
キャプションを現在の時刻に書き換えます。

これで第8章の実習を終了します。実習ファイル「B08.accdb」を閉じ、Access を終了します。
［オブジェクトの保存］ダイアログボックスが表示されるので［はい］ボタンをクリックし、オ
ブジェクトの変更を保存します。

9

SQL

この章では、データベースから任意のデータを抽出したり、グループ化する方法を解説します。データ操作はデータベースアプリケーションの核となる部分ですので確実に理解してください。

9-1 SQLの基礎知識

データベースは、データの集合体です。データベースはテーブル（表）の集まりで構成され、各テーブルには複数のレコードが格納されています。レコードの中には複数のフィールドがあり、各フィールド内に様々な値（データ）が格納されています。**これらのデータを自由に抽出し、操作する仕組みを「SQL」と呼びます。**SQLとは、「Structured Query Language」の略で、データベースを操作するための言語です。

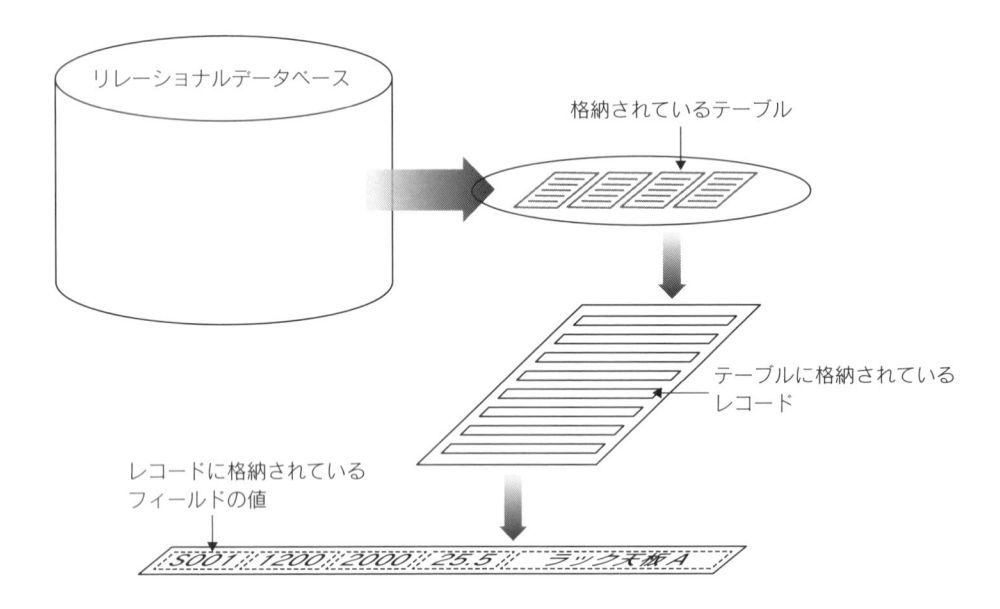

9-2 レコードの取得

SQLの最も基本的な操作は、テーブルからレコードを取得することです。すべてのフィールドの値を取得したり、指定したフィールドの値のみを取得することができます。また、重複しているレコードを削除したり、フィールド名を別名に変更したりすることもできます。

レコードを取得する

テーブルからレコードを取得するには**SELECT ステートメント**を使用します。SELECTステートメントはレコードの抽出以外にも、指定した方法でレコードを並べ替えたり、グループ化することもできます。SELECTステートメントの構文は次の通りです。

```
SELECT フィールド名1, フィールド名2, フィールド名3 … FROM テーブル名;
```

または

```
SELECT * FROM テーブル名;
```

SELECT句に「＊（アスタリスク）」を記述したときは、すべてのフィールドを指定します。複数のフィールドを指定するときは、「,（カンマ）」で区切って指定します。FROM句には、対象となるテーブル名を指定します。FROM句は省略することはできません。

> **memo**
> SQLでは、大文字と小文字を区別しません。どちらで記述しても、正常に動作します。本テキストでは、SQLステートメントのキーワードはすべて大文字で記述します。各キーワードの間には半角のスペースを入れます。全角のスペースを入れるとエラーになるので注意してください。

では実際にSQLステートメントを記述して、その動きを確認しましょう。

❶実習ファイル「B09.accdb」を開きます

❷[Q クエリ] クエリをデザインビューで開きます

❸リボンの［デザイン］タブ→［結果］グループ→［表示］ボタンより［SQL ビュー］を選択
します

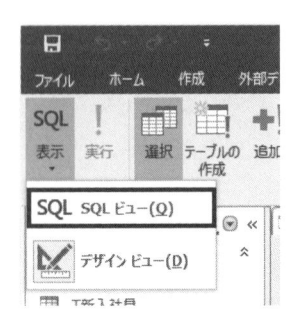

❹表示されたSQLビューの内容を次の記述に書き換えます

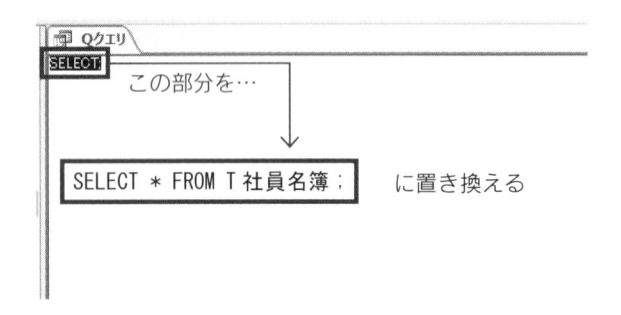

❺［表示］ボタン右の［実行］ボタンをクリックします

❻SQLステートメントが実行され、次の結果が表示されます

このSELECTステートメントでは、SELECT句の後に「＊」を指定しているため［T社員名簿］テーブルのすべてのフィールドが選択されました。

❼［×］ボタンをクリックし、クエリを閉じます。変更の保存を聞いてくるので、保存して閉じます

このように、クエリのSQLビューにSQLステートメントを記述すると、その内容を実行することができます。しかし毎回この方法では大変なので、VBAからSQLを実行させてみましょう。

❶「Module1」モジュールをダブルクリックしてVBEを起動させます

❷コードウィンドウに次のコードを記述してください

```
Sub Test1()
    Dim StrSQL As String
    StrSQL = "SELECT 社員番号, 社員名 FROM T社員名簿;"
    CurrentDb.QueryDefs("Qクエリ").SQL = StrSQL
    DoCmd.OpenQuery "Qクエリ"
End Sub
```

❸コードを実行します

コードを実行すると、変数「StrSQL」にSQLステートメントが格納されます。コード4行目の、「**CurrentDb**」は現在開いているデータベースを表し、「QueryDefs("Q クエリ").SQL」は［Qクエリ］クエリの「SQL」プロパティを表します。つまり、現在のデータベースにある［Qクエリ］クエリのSQLプロパティに、変数「StrSQL」に格納したSQLステートメントを設定しています。最後に5行目の「DoCmd.OpenQuery "Q クエリ"」でクエリを開いています。今回は、SELECT句の後に［社員番号］と［社員名］のフィールドを指定しています。そのため、次の結果が表示されます。

重複レコードを排除する

SELECTステートメントで、重複するレコードを排除して1件にする場合、**DISTINCT述語**を使用します。DISTINCT述語を使用した記述は次の通りです。

```
SELECT DISTINCT フィールド名1, フィールド名2, フィールド名3 …
FROM テーブル名;
```

> **◆memo**
> DISTINCT述語を使用するほかにGROUP BY句を使用しても、重複レコードを排除することができます。GROUP BY句については、本章の「9-6　レコードのグループ化」で解説します。

実際に、コードを記述してその動作を確認します。

❶ コードウィンドウに次のコードを記述してください

```
Sub Test2()
    Dim StrSQL As String
    StrSQL = "SELECT DISTINCT 住所1 FROM T社員名簿;"
    CurrentDb.QueryDefs("Qクエリ").SQL = StrSQL
    DoCmd.OpenQuery "Qクエリ"
End Sub
```

❷ コードを実行する前に、[Qクエリ] クエリを閉じてください

❸ コードを実行すると次の結果が表示されます

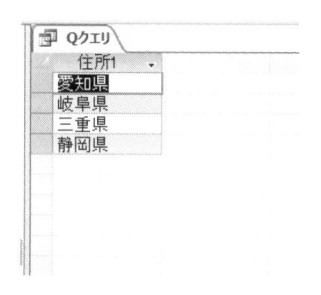

これは、DISTINCT述語で [住所1] フィールドの重複を削除しているためです。DISTINCT述語を記述しない場合、次の結果が表示されます。

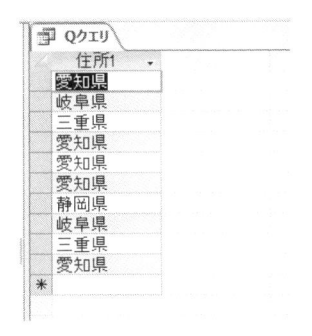

別名を使用する

AS キーワードを使用することで、フィールド名やテーブル名に別名を付けることができます。AS キーワードを使用した記述は次の通りです。

【フィールド名に別名を付ける場合】

SELECT フィールド名1 AS 別名1, フィールド名2 AS 別名2 … FROM テーブル名;

【テーブル名に別名を付ける場合】

SELECT テーブル別名. フィールド名1, テーブル別名. フィールド名2 … FROM テーブル名 AS テーブル別名;

AS キーワードを使用すると、フィールドを利用した式に別名を付けることができます。たとえば、

SELECT 単価 * 数量 AS 購入金額 FROM T 購入データ;

と記述すると、「単価*数量」の演算結果を「購入金額」というフィールド名で表示します。

> **◆memo**
>
> テーブルに別名を付けた場合、SELECT句に記述するテーブル名に元のテーブル名を使用することはできなくなるので、注意してください。たとえば、
>
> SELECT T 購入. 品名, T 購入. 単価 FROM T 購入データ AS T 購入;
>
> は正しい記述ですが、
>
> SELECT T 購入データ. 品名, T 購入データ. 単価 FROM T 購入データ AS T 購入;
>
> の記述は正しくありません。

実際に、コードを記述してその動作を確認します。

❶コードウィンドウに次のコードを記述してください

```
Sub Test3()
    Dim StrSQL As String
    StrSQL = "SELECT 社員名, 給与*1.5 AS 賞与 FROM T社員名簿;"
    CurrentDb.QueryDefs("Qクエリ").SQL = StrSQL
    DoCmd.OpenQuery "Qクエリ"
End Sub
```

❷コードを実行する前に、[Qクエリ] クエリを閉じてください

❸コードを実行すると次の結果が表示されます

社員名	賞与
安藤昭雄	840000
伊藤一郎	675000
宇野馬之介	480000
江口恵美子	450000
尾崎おさむ	375000
加藤和生	570000
木村喜代子	600000
久野邦彦	780000
研健次郎	540000
小島浩二	390000

これは、SELECT句の「給与＊1.5 AS 賞与」で給与に1.5 をかけた結果をASキーワードを使用して「賞与」という別名で表示しているためです。AS キーワードで別名を指定しない場合、Accessが便宜的に付けた「Expr1001」というフィールド名で表示されます。

9-3 | 条件指定

テーブルからレコードを取得するとき、条件を指定して特定のレコードを抽出することができます。たとえば、「社員名簿テーブルから、ある部署の30代の男性のレコードのみを抽出したい」このような操作が、データベースアプリケーションのプログラミングでは頻繁にあります。条件を指定することで、必要とするレコードの集まりを様々なパターンで取得することができます。

条件を指定する

SELECTステートメントに**WHERE句**を使用すると、指定した条件による特定のレコードを抽出することができます。WHERE句を使用した記述は次の通りです。

> SELECT フィールド名1, フィールド名2, フィールド名3 … FROM テーブル名 WHERE 抽出条件;

WHERE句の抽出条件には、比較演算子やその他の演算子を用いて、様々な条件式を指定することができます。WHERE句に指定できる条件式について解説します。

● 比較演算子
フィールドの値を特定の値（リテラル）と比較します。比較演算子には次の種類があります。

演算子	説明
=	等しい
>	より大きい
<	より小さい
>=	以上
<=	以下
<>	等しくない

比較演算子を用いて条件式を記述する場合、データ型によってリテラル（値）の記述が異なります。リテラルの記述の仕方は次の通りです。

データ型	記述例
数値	年齢 = 30
文字列	部署コード = "B001" または 部署コード = 'B001'
日付	入力日 = #1/31/2009#

条件式は、AND演算子、OR演算子を使用して、複数の条件式を組み合わせて指定することができます。AND演算子、OR演算子の働きは、VBAと同じです。

● Between...And演算子

Between...And演算子はフィールドの値が、指定した範囲にあるレコードを抽出する場合に使用します。Between...And演算子の記述は次の通りです。

> フィールド名 Between 値から And 値まで

Between...And演算子で範囲指定をした場合、**範囲の両端の値が含まれる**ので注意してください。たとえば、「年齢 Between 20 And 30」と範囲を指定した場合、「年齢」フィールドが「20」のレコードと「30」のレコードは範囲に含まれます。この条件式は、「年齢 >= 20 And 年齢 <= 30」の条件式と同じ意味になります。

● In演算子

In演算子は抽出する値が複数あるとき、記述したリストの中から一致するレコードを抽出します。逆に、一致しないレコードを抽出することもできます。

> フィールド名 In (値1, 値2, 値3 …)

In演算子の後に、「() (カッコ)」でくくった中の値がリストになります。たとえば、「年齢 In(20,30,40)」と記述した場合、年齢フィールドが「20」「30」「40」のレコードを抽出します。この条件式は、「年齢 = 20 Or 年齢 = 30 Or 年齢 = 40」の条件式と同じ意味になります。
また「年齢 Not In(20,30,40)」と記述した場合、年齢フィールドが「20」「30」「40」のどの値とも一致しないレコードを抽出します。この条件式は、「年齢 <> 20 And 年齢 <> 30 And 年齢 <> 40」の条件式と同じ意味になります。

● Null値の抽出

Null値を抽出するときは、通常と記述の仕方が異なるので注意が必要です。Null値を抽出する記述は次の通りです。

【Null値を抽出する場合】

> フィールド名 IS NULL

【Null値以外を抽出する場合】

> フィールド名 IS NOT NULL

> **重要** Null値の抽出に、「フィールド名 = NULL」と記述するのは誤りです。注意してください。

それでは実際に、コードを記述して動作を確認してみましょう。

❶ コードウィンドウに次のコードを記述してください

```
Sub Test4()
    Dim StrSQL As String
    StrSQL = "SELECT * FROM T社員名簿 WHERE 年齢 > 40 AND 住所1 = '岐阜県';"
    CurrentDb.QueryDefs("Qクエリ").SQL = StrSQL
    DoCmd.OpenQuery "Qクエリ"
End Sub
```

❷ コードを実行する前に、[Qクエリ] クエリを閉じてください

❸ コードを実行すると [年齢] フィールドが40を超え、かつ [住所1] フィールドが「岐阜県」のレコードが抽出されます

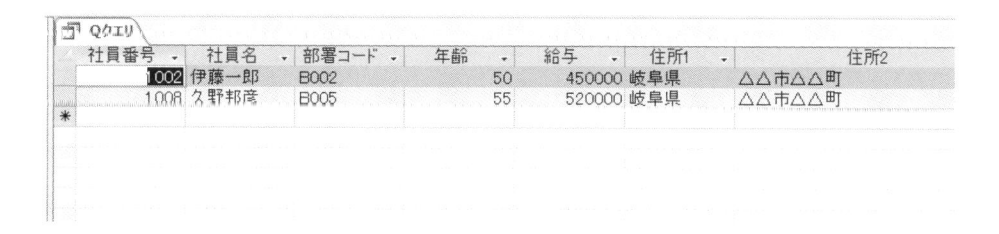

社員番号	社員名	部署コード	年齢	給与	住所1	住所2
1002	伊藤一郎	B002	50	450000	岐阜県	△△市△△町
1008	久野邦彦	B005	55	520000	岐阜県	△△市△△町

❹ では、コードの3行目を次のコードに書き換えてください

```
StrSQL = "SELECT * FROM T 社員名簿 WHERE 年齢 Between 30 And 40;"
```

❺ コードを実行する前に、[Qクエリ] クエリを閉じてください

❻コードを実行すると［年齢］フィールドが30から40の範囲にあるレコードが抽出されます

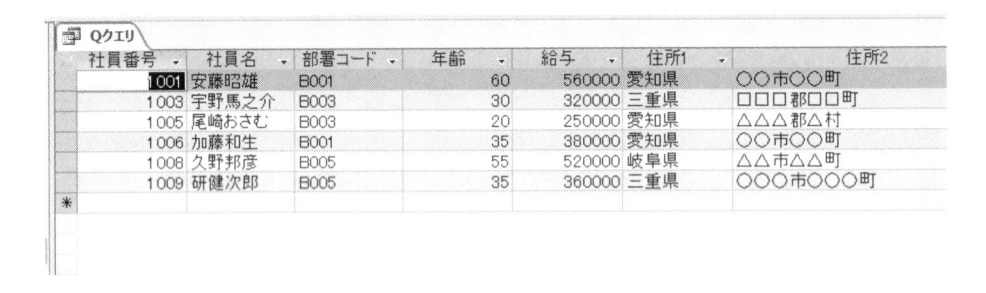

❼さらに、コードの3行目を次のコードに書き換えてください

```
StrSQL = "SELECT * FROM T 社員名簿 " & _
         "WHERE 部署コード In ('B001','B003','B005');"
```

❽コードを実行する前に、［Qクエリ］クエリを閉じてください

❾コードを実行すると［部署コード］フィールドの値が「B001」、「B003」、「B005」のレコードが抽出されます

社員番号	社員名	部署コード	年齢	給与	住所1	住所2
1001	安藤昭雄	B001	60	560000	愛知県	○○市○○町
1003	宇野馬之介	B003	30	320000	三重県	□□□都□□町
1005	尾崎おさむ	B003	20	250000	愛知県	△△△都△村
1006	加藤和生	B001	35	380000	愛知県	○○市○○町
1008	久野邦彦	B005	55	520000	岐阜県	△△市△△町
1009	研健次郎	B005	35	360000	三重県	○○○市○○○町

9-4 テーブルの結合

複数のテーブルからデータを取得して、ひとつにまとめることができます。これを**テーブルの結合**と呼びます。たとえば、[社員名簿]テーブルは、社員の[部署コード]フィールドを持っていますが、[部署名]フィールドは持っていません。[部署マスタ]テーブルは、[部署コード]と[部署名]の両方を持っているとします。この2つのテーブルを結合させ、[社員名簿]テーブルのレコードに[部署名]を表示させることができます。

内部結合

2つのテーブルの共通するフィールドに同じ値があった場合、両方のテーブルのレコードを結合します。これを**内部結合**と呼びます。内部結合をさせるには、**INNER JOIN句**を用いる方法と、**WHERE句**を用いる方法の2つがあります。

● INNER JOIN句
INNER JOIN句を使用した、内部結合の方法は次の通りです。

```
SELECT … FROM テーブル名1 INNER JOIN テーブル名2
ON テーブル名1.結合フィールド = テーブル名2.結合フィールド;
```

結合フィールドは、同じフィールド名である必要はありません。ただし、データ型と種類が同じである必要があります。

実際に、コードを記述してその動作を確認します。

❶ コードウィンドウに次のコードを記述してください

```
Sub Test5()
    Dim StrSQL As String
    StrSQL = "SELECT 社員名, T社員名簿.部署コード, 部署名 " & _
            "FROM T社員名簿 INNER JOIN T部署マスタ " & _
            "ON T社員名簿.部署コード = T部署マスタ.部署コード;"
```

次ページへ続く

```
    CurrentDb.QueryDefs("Qクエリ").SQL = StrSQL
    DoCmd.OpenQuery "Qクエリ"
End Sub
```

❷ コードを実行する前に、[Qクエリ] クエリを閉じてください

❸ コードを実行すると次の結果が表示されます

社員名	部署コード	部署名
安藤昭雄	B001	総務部
加藤和生	B001	総務部
伊藤一郎	B002	資材部
小島浩二	B002	資材部
宇野馬之介	B003	営業部
尾崎おさむ	B003	営業部
江口恵美子	B004	購買部
木村喜代子	B004	購買部
久野邦彦	B005	製造部
研健次郎	B005	製造部

● WHERE 句

WHERE句を使用した、内部結合の方法は次の通りです。

```
SELECT … FROM テーブル名1, テーブル名2
WHERE テーブル名1. 結合フィールド = テーブル名2. 結合フィールド;
```

SELECT句にフィールド名を記述するとき、片方のテーブルにしかないフィールドを記述する場合は、テーブル名の省略ができます。両方のテーブルに存在するフィールドを記述する場合は、「テーブル名. フィールド名」と明示的にテーブル名を指定しないとエラーになります。

❶ コードウィンドウに次のコードを記述してください

```
Sub Test6()
    Dim StrSQL As String
    StrSQL = "SELECT 社員名, T社員名簿.部署コード, 部署名 " & _
            "FROM T社員名簿, T部署マスタ " & _
            "WHERE T社員名簿.部署コード = T部署マスタ.部署コード;"
    CurrentDb.QueryDefs("Qクエリ").SQL = StrSQL
    DoCmd.OpenQuery "Qクエリ"
End Sub
```

❷コードを実行する前に、[Qクエリ] クエリを閉じてください

❸コードを実行すると先ほどと同じ処理を実行します

<div class="memo">

memo

テーブルの結合には、内部結合のほかにも「外部結合」と呼ばれる結合の方法があります。外部結合は、「Access VBA スタンダード」にて詳しく解説します。

</div>

9-5 並べ替え

レコードを検索した結果、抽出されたレコードが複数の場合、どのような順番に並べられているかをリレーショナルデータベースは保証しません。レコードを特定の順番に並べ替える必要があるときはSQLステートメント内で、**どのフィールドで、どの順番に**並べ替えるかを指定する必要があります。

並べ替えをする

並べ替えを指定するには**ORDER BY句**を使用します。ORDER BY句を使用した記述は次の通りです。

```
SELECT … FROM テーブル名
ORDER BY フィールド名1 (ASC または DESC), フィールド名2 (ASC または DESC) …;
```

ORDER BY句で指定したフィールドを昇順で並べ替える場合は**ASC**を、降順で並べ替える場合は**DESC**を指定します。省略すると昇順「ASC」が指定されたものとみなされます。また複数のフィールドを指定した場合、左にあるフィールドを優先して並べ替えます。複数指定した場合も、それぞれに昇順／降順を指定できます。

> **◇memo**
> ORDER BY句に指定するフィールドは、必ずしもSELECT句に記述する必要はありません。
> SELECT句に記述していないフィールドでも、並べ替えを指定することができます。

実際に、コードを記述してその動作を確認します。

❶コードウィンドウに次のコードを記述してください

```
Sub Test7()
    Dim StrSQL As String
    StrSQL = "SELECT * FROM T社員名簿 ORDER BY 部署コード, 年齢 DESC;"
    CurrentDb.QueryDefs("Qクエリ").SQL = StrSQL
    DoCmd.OpenQuery "Qクエリ"
```

```
End Sub
```

❷コードを実行する前に、[Qクエリ] クエリを閉じてください。コードを実行すると、まず [部署コード] フィールドで昇順に並べ替え、次に [年齢] フィールドで降順に並べ替えます

❸では、コードの3行目を次のコードに書き換えてください

```
StrSQL = "SELECT * FROM T 社員名簿 ORDER BY 部署コード, 年齢;"
```

❹コードを実行する前に、[Qクエリ] クエリを閉じてください

❺コードを実行すると今度は、[部署コード] フィールド、[年齢] フィールドともに、昇順に並べ替えます

9-6 レコードのグループ化

レコードを取得するとき、グループ化して抽出することができます。グループ化されたレコードは、集計関数を使用して、統計情報を取得することができます。

レコードをグループ化する

レコードをグループ化するには、**GROUP BY句**を使用します。ひとつまたは複数のフィールドを指定して、グループ化することができます。GROUP BY句を使用した記述は次の通りです。

```
SELECT … FROM テーブル名 GROUP BY フィールド名1, フィールド名2 …;
```

GROUP BY句に複数のフィールドを指定した場合、左にあるフィールドを優先してグループ化します。

集計関数を使用する

グループ化したレコードから統計情報を取得するには、**SQL集計関数**を使用します。主なSQL集計関数は、次の通りです。

関数	説明
Count(フィールド名)	引数に指定したフィールドがNull値以外のレコード件数を返す。引数に「＊（アスタリスク）」を指定するとNull値も含めたレコード件数を返す
Avg(フィールド名)	引数に指定したフィールドの平均値を返す
Sum(フィールド名)	引数に指定したフィールドの合計値を返す
Min(フィールド名)	引数に指定したフィールドの最小値を返す
Max(フィールド名)	引数に指定したフィールドの最大値を返す

SQL集計関数を使用した記述は次の通りです。

> SELECT 関数(フィールド名1) AS 別名1, 関数(フィールド名2) AS 別名2 FROM テーブル名;

集計関数を使用したフィールドに別名を指定すると、実行結果が分かりやすくなります。別名を指定しない場合、「Expr1001」など、Accessが便宜的に付けたフィールド名が適用されます。

実際に、コードを記述してその動作を確認します。

❶コードウィンドウに次のコードを記述してください

```
Sub Test8()
    Dim StrSQL As String
    StrSQL = "SELECT 住所1, Count(社員番号) AS 県別社員数 " & _
            "FROM T社員名簿 GROUP BY 住所1;"
    CurrentDb.QueryDefs("Qクエリ").SQL = StrSQL
    DoCmd.OpenQuery "Qクエリ"
End Sub
```

❷コードを実行する前に、[Qクエリ] クエリを閉じてください

❸コードを実行すると、[住所1] フィールドでグループ化し、県別の社員数を表示します

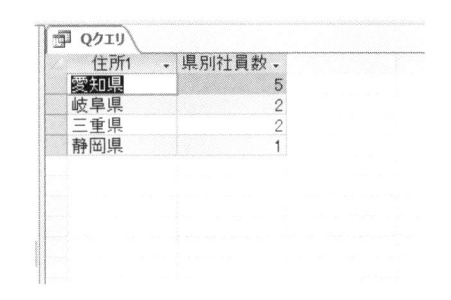

もうひとつ、コードを記述してその動作を確認してみましょう。

❶コードウィンドウに次のコードを記述してください

```
Sub Test9()
    Dim StrSQL As String
    StrSQL = "SELECT 部署コード, Avg(年齢) AS 部署別平均年齢 " & _
             "FROM T社員名簿 GROUP BY 部署コード;"
    CurrentDb.QueryDefs("Qクエリ").SQL = StrSQL
    DoCmd.OpenQuery "Qクエリ"
End Sub
```

❷コードを実行する前に、[Qクエリ] クエリを閉じてください

❸コードを実行すると、[部署コード] フィールドでグループ化し、部署別の社員の平均年齢を
表示します

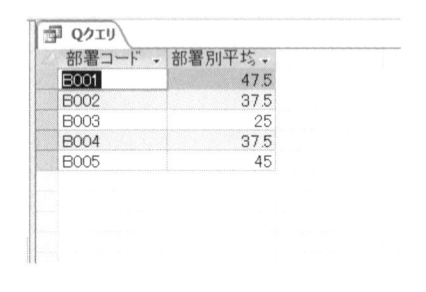

9-7 レコードの更新・削除・追加

SQLを使用してテーブルのレコードを、更新・削除・追加することができます。追加は、ひとつまたは複数のレコードを追加することができます。更新や削除、複数のレコードを追加する場合は、抽出条件を指定して特定のレコードに対してのみ、処理を実行することができます。

レコードを更新・削除する

レコードを更新するには、**UPDATEステートメント**を使用します。レコードを削除するには、**DELETEステートメント**を使用します。UPDATEステートメント、DELETEステートメントの記述は次の通りです。

【レコードを更新する場合】

```
UPDATE テーブル名 SET フィールド名1 = 値1, フィールド名2 = 値2 …;
```

【レコードを削除する場合】

```
DELETE * FROM テーブル名;
```

UPDATEステートメントで複数のフィールドを更新するときは、**SET句**に複数のフィールドを指定します。また、WHERE句で抽出条件を指定して、特定のレコードのみを更新することもできます。抽出条件を指定しないと、すべてのレコードに対して更新処理が実行されます。

UPDATEステートメントのSET句の値には、数値や文字列などのリテラルを指定するほかに、式を指定することもできます。たとえば「SET 新単価 = 旧単価 * 0.9」とすると、新単価フィールドを「旧単価 * 0.9」の値に更新します。また、フィールドの値をNull値に更新するときは「SET フィールド名 = Null」と記述します。「SET フィールド名 Is Null」と記述するとエラーになるので注意してください。

DELETEステートメントの「*（アスタリスク）」は省略することができます。また、WHERE句で抽出条件を指定して、特定のレコードのみを削除することができます。抽出条件を指定しないと、すべてのレコードが削除されます。削除されたレコードは、元に戻すことができないので注意が必要です。

実際に、コードを記述してその動作を確認します。

❶コードウィンドウに次のコードを記述してください

```
Sub Test10()
    Dim StrSQL As String
    DoCmd.SetWarnings False
    StrSQL = "UPDATE T社員名簿 SET 年齢 = 年齢+1;"
    CurrentDb.QueryDefs("Qクエリ").SQL = StrSQL
    DoCmd.OpenQuery "Qクエリ"
    DoCmd.SetWarnings True
End Sub
```

❷コードを実行する前に、[Qクエリ] クエリを閉じてください

❸コードを実行すると、[T社員名簿] テーブルのすべてのレコードで、[年齢] フィールドの値を1加算した値に更新します

❹[T社員名簿] テーブルを開いて、更新を確認してください

社員番号	社員名	部署コード	年齢	給与	住所1	住所2
1001	安藤昭雄	B001	61	560000	愛知県	○○市○○町
1002	伊藤一郎	B002	51	450000	岐阜県	△△市△△町
1003	宇野馬之介	B003	31	320000	三重県	□□郡□□町
1004	江口恵美子	B004	31	300000	愛知県	○○郡○○○町
1005	尾崎おさむ	B003	21	250000	愛知県	△△△郡△村
1006	加藤和生	B001	36	380000	愛知県	○○市○○町
1007	木村喜代子	B004	46	400000	静岡県	○○○市○○町
1008	久野邦彦	B005	56	520000	岐阜県	△△市△△町
1009	研健次郎	B005	36	360000	三重県	○○○市○○○町
1010	小島浩二	B002	26	260000	愛知県	□□郡□□町

[年齢] フィールドの値が、1加算した値に更新された

「Test10」プロシージャは、次のように記述しても同様の動作をします。

```
Sub Test10()
    Dim StrSQL As String
    DoCmd.SetWarnings False
    StrSQL = "UPDATE T社員名簿 SET 年齢 = 年齢+1;"
    DoCmd.RunSQL StrSQL
```

```
    DoCmd.SetWarnings True
End Sub
```

このコードは、5行目の「DoCmd.RunSQL StrSQL」で**DoCmdオブジェクトのRunSQLメソッド**を使用してSQLステートメントを実行しています。RunSQLメソッドは、引数で指定されたSQLステートメントの内容を実行します。ただし実行できるのは、更新や削除などのアクションクエリのみで、**選択クエリを実行することはできません**。

さらに、コードを記述してその動作を確認します。

❶コードウィンドウに次のコードを記述してください

```
Sub Test11()
    Dim StrSQL As String
    DoCmd.SetWarnings False
    StrSQL = "DELETE * FROM T社員名簿 WHERE 部署コード = 'B005';"
    CurrentDb.QueryDefs("Qクエリ").SQL = StrSQL
    DoCmd.OpenQuery "Qクエリ"
    DoCmd.SetWarnings True
End Sub
```

❷コードを実行すると、[T社員名簿] テーブルの [部署コード] フィールドが「B005」のレコードのみ、削除します

❸[T社員名簿] テーブルを開いて、削除を確認してください

社員番号	社員名	部署コード	年齢	給与	住所1	住所2
1001	安藤昭雄	B001	61	560000	愛知県	○○市○○町
1002	伊藤一郎	B002	51	450000	岐阜県	△△市△△町
1003	宇野馬之介	B003	31	320000	三重県	□□□都□□町
1004	江口恵美子	B004	31	300000	愛知県	○○郡○○○町
1005	尾崎おさむ	B003	21	250000	愛知県	△△△郡△村
1006	加藤和生	B001	36	380000	愛知県	○○市○○町
1007	木村喜代子	B004	46	400000	静岡県	○○○市○○町
1010	小島浩二	B002	26	260000	愛知県	□□□都□□町

[部署コード] フィールドの値が、「B005」のレコードのみ削除された

レコードを追加する

レコードの追加は、値を指定して追加する方法と、他のテーブルを元に追加する方法の、2つの方法があります。レコードを追加する記述は、次の通りです。

【値を指定して追加する方法】

```
INSERT INTO テーブル名 （フィールド名1, フィールド名2 …） VALUES ( 値1, 値2 …);
```

【他のテーブルを元に追加する方法】

```
INSERT INTO テーブル名 （フィールド名1, フィールド名2 …） SELECT フィールド1, フィールド2 … FROM 元のテーブル名;
```

値を指定して追加する方法は、指定した1件のレコードがテーブルに追加されます。他のテーブルを元に追加する方法は、複数のレコードを追加することができます。また、このときWHERE句で抽出条件を指定して、特定のレコードのみを追加することもできます。抽出条件を省略すると、すべてのレコードが追加されます。

値を指定して追加するとき、値のリストが追加するテーブルの**テーブルデザインのフィールド順にすべてのフィールドの値を指定している**場合は、フィールドのリストの記述を省略できます。たとえば、[T部署マスタ] テーブルのフィールドが [部署コード]、[部署名] の2つしかない場合、

```
INSERT INTO T 部署マスタ （部署コード, 部署名） VALUES ('B099','開発部');
```

を

```
INSERT INTO T 部署マスタ VALUES ('B099','開発部');
```

のように、フィールドリストの記述を省略できます。

他のテーブルを元に追加するとき、**追加するテーブルと元のテーブルのフィールド構成が同じ**場合も、それぞれのフィールドのリストの記述を省略することができます。たとえば、[T購入品マスタ] テーブルと [T追加購入品] テーブルのフィールド構成が完全に一致する場合は、

```
INSERT INTO T 購入品マスタ SELECT * FROM T 追加購入品;
```

で、[T追加購入品] テーブルのすべてのレコードが [T購入品マスタ] テーブルに追加されます。

実際に、コードを記述してその動作を確認します。

❶ コードウィンドウに次のコードを記述してください

```
Sub Test12()
    Dim StrSQL As String
    DoCmd.SetWarnings False
    StrSQL = "INSERT INTO T部署マスタ VALUES ('B006','開発部');"
    CurrentDb.QueryDefs("Qクエリ").SQL = StrSQL
    DoCmd.OpenQuery "Qクエリ"
    DoCmd.SetWarnings True
End Sub
```

❷ コードを実行すると、[T部署マスタ] テーブルに [部署コード] フィールドが「B006」、[部署名] フィールドが「開発部」の、新しいレコードを1件追加します

❸ [T部署マスタ] テーブルを開いて、追加を確認してください

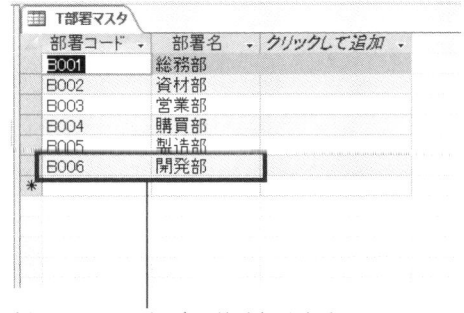

新しいレコードが1件追加された

さらに、コードを記述してその動作を確認します。

❶コードウィンドウに次のコードを記述してください

```
Sub Test13()
    Dim StrSQL As String
    DoCmd.SetWarnings False
    StrSQL = "INSERT INTO T社員名簿 SELECT * FROM T新入社員;"
    CurrentDb.QueryDefs("Qクエリ").SQL = StrSQL
    DoCmd.OpenQuery "Qクエリ"
    DoCmd.SetWarnings True
End Sub
```

❷コードを実行すると、[T社員名簿] テーブルに [T新入社員] テーブルのすべてのレコードが追加されます

❸[T社員名簿] テーブルを開いて、追加を確認してください

社員番号	社員名	部署コード	年齢	給与	住所1	住所2
1001	安藤昭雄	B001	61	560000	愛知県	○○市○○町
1002	伊藤一郎	B002	51	450000	岐阜県	△△市△△町
1003	宇野馬之介	B003	31	320000	三重県	□□□郡□□町
1004	江口恵美子	B004	31	300000	愛知県	○○都○○○町
1005	尾崎おさむ	B003	21	250000	愛知県	△△△郡△村
1006	加藤和生	B001	36	380000	愛知県	○○市○○町
1007	木村喜代子	B004	46	400000	静岡県	○○○市○○町
1010	小島浩二	B002	26	260000	愛知県	□□都□□町
1011	佐藤小百合	B005	18	220000	愛知県	○○市○○町
1012	篠田真一	B005	20	230000	愛知県	△△市△△町
1013	須崎末春	B006	22	240000	愛知県	□□□都□□町
1014	関根誠司	B003	18	220000	静岡県	○○都○○○町

[T新入社員] テーブルの、4件のレコードが追加された

9-8 テーブルの作成・削除

SQLを使用して、テーブルを作成・削除することができます。テーブルの作成は、フィールドを定義して新しいテーブルを作成したり、他のテーブルを元に作成したりすることができます。

テーブルを作成する

テーブルの作成は、**SELECT INTO ステートメント**を使用して他のテーブルを元に新しいテーブルを作成する方法と、**CREATE TABLE ステートメント**を使用してフィールドを定義し新しいテーブルを作成する方法の、2つの方法があります。テーブルを作成する記述は次の通りです。

【他のテーブルを元に作成する方法】

```
SELECT フィールド名1, フィールド名2 … INTO 新しいテーブル名 FROM 元のテーブル名;
```

【フィールドを定義して作成する方法】

```
CREATE TABLE 新しいテーブル名 ( フィールド名1 データ型( サイズ) [PRIMARY KEY] [NOT
NULL], フィールド名2 データ型( サイズ) [NOT NULL], …);
```

他のテーブルを元にして作成する場合、WHERE句で抽出条件を指定して、特定のレコードのみを追加することができます。抽出条件を省略すると、すべてのレコードが追加されます。また、抽出条件がどのレコードとも一致しない場合、空のテーブルが作成されます。

フィールドを定義して作成する場合、空のテーブルが作成されます。「サイズ」は作成するフィールドのデータ型がテキスト型のときに設定可能です。「PRIMARY KEY」を指定すると、そのフィールドを主キーに設定します。「NOT NULL」を指定すると、そのフィールドはNull値を許可しません。

実際に、コードを記述してその動作を確認します。

❶コードウィンドウに次のコードを記述してください

```
Sub Test14()
    Dim StrSQL As String
    DoCmd.SetWarnings False
    StrSQL = "SELECT 社員番号, 給与 INTO T給与マスタ FROM T社員名簿;"
    CurrentDb.QueryDefs("Qクエリ").SQL = StrSQL
    DoCmd.OpenQuery "Qクエリ"
    DoCmd.SetWarnings True
End Sub
```

❷コードを実行すると、[T社員名簿] テーブルを元に [T給与マスタ] テーブルを作成し、[社員番号] フィールド、[給与] フィールドのデータをすべて追加します

❸[T給与マスタ] テーブルを開いて、内容を確認してください

社員番号	給与
1001	560000
1002	450000
1003	320000
1004	300000
1005	250000
1006	380000
1007	400000
1010	260000
1011	220000
1012	230000
1013	240000
1014	220000

さらに、コードを記述してその動作を確認します。

❶コードウィンドウに次のコードを記述してください

```
Sub Test15()
    Dim StrSQL As String
    DoCmd.SetWarnings False
    StrSQL = "CREATE TABLE T役職マスタ" & _
        "(役職コード TEXT(4) PRIMARY KEY, 役職名 TEXT(20));"
    CurrentDb.QueryDefs("Qクエリ").SQL = StrSQL
    DoCmd.OpenQuery "Qクエリ"
    DoCmd.SetWarnings True
```

```
End Sub
```

❷ コードを実行すると、[役職コード] フィールドをフィールドサイズ「4」のテキスト型で主
　キーに定義し、[役職名] フィールドをフィールドサイズ「20」のテキスト型で定義した、[T
　役職マスタ] テーブルを新規に作成します

❸ [T役職マスタ] テーブルをデザインビューで開いて、内容を確認してください

テーブルを削除する

テーブルを削除するには、**DROP ステートメント**を使用します。DROPステートメントの記述
は、次の通りです。

```
DROP TABLE テーブル名;
```

> **◆memo**
> テーブルやテーブルのインデックスを削除するには、テーブルを閉じておく必要があります。

実際に、コードを記述してその動作を確認します。

❶ コードウィンドウに次のコードを記述してください

```
Sub Test16()
    Dim StrSQL As String
    DoCmd.SetWarnings False
    StrSQL = "DROP TABLE T役職マスタ;"
    CurrentDb.QueryDefs("Qクエリ").SQL = StrSQL
    DoCmd.OpenQuery "Qクエリ"
    DoCmd.SetWarnings True
End Sub
```

❷ コードを実行すると、先ほど作成した［T役職マスタ］テーブルを削除します

❸ ナビゲーションウィンドウで、テーブルの削除を確認してください

［T役職マスタ］テーブルが
削除された

これで第9章の実習を終了します。実習ファイル「B09.accdb」を閉じ、Accessを終了します。
［オブジェクトの保存］ダイアログボックスが表示されるので［はい］ボタンをクリックし、オ
ブジェクトの変更を保存します。

10

Visual Basic Editor の操作とデバッグ

この章では、実際に VBA のプログラミングを行う上で欠かせない、VBE の基本的な操作や、デバッグ、ヘルプの使い方などについて解説します。

10-1 Visual Basic Editor (VBE) の操作

Visual Basic Editor（VBE）は、VBAによる開発を行うために用意された、Accessとは別のアプリケーションです。VBEに対する理解を深めることで、より効率的かつ正確にプログラム開発を行うことができます。ここでは、VBEの基本的な操作や画面構成、自動クイックヒントや自動メンバ表示、ヘルプの使い方などについて解説します。

VBEの起動と終了、Accessとの切り替え

VBEを起動するには、様々な方法があります。主な方法は次の通りです。

【VBE を起動する方法】
- モジュールを開かずにVBEを起動する
  - ・［データベース ツール］タブ→［マクロ］グループ→［Visual Basic］ボタンをクリックする
  - ・ Alt ＋ F11 キーを使用する
- VBEを起動して新しいモジュールを作成する
  - ・［作成］タブ→［マクロとコード］グループ→［標準モジュール］ボタンをクリックする
- VBEを起動してすでにあるモジュールを開く
  - ・ナビゲーションウィンドウ上にあるモジュールオブジェクトをダブルクリックする

VBEを使用して開発を行っている際に、Accessの画面に切り替えるには、主に次の方法があります。

【Accessの画面に切り替える方法】
- ［標準］ツールバーの［表示 Microsoft Office Access］ボタンをクリックする
- Windowsのタスクバーから Access のアイコンをクリックする
- Alt ＋ F11 キーを使用する

VBEを終了するには、主に次の方法があります。

【VBE を終了する方法】
- VBEの右上の［閉じる］ボタンをクリックする
- ［ファイル］メニュー→［終了して Microsoft Office Access へ戻る］を選択する
- Alt ＋ Q キーを使用する

VBEの画面構成

VBEの画面構成は、次の通りです。[表示]メニューから、プログラミングの作業を補助する、様々なウィンドウを表示させることができます。

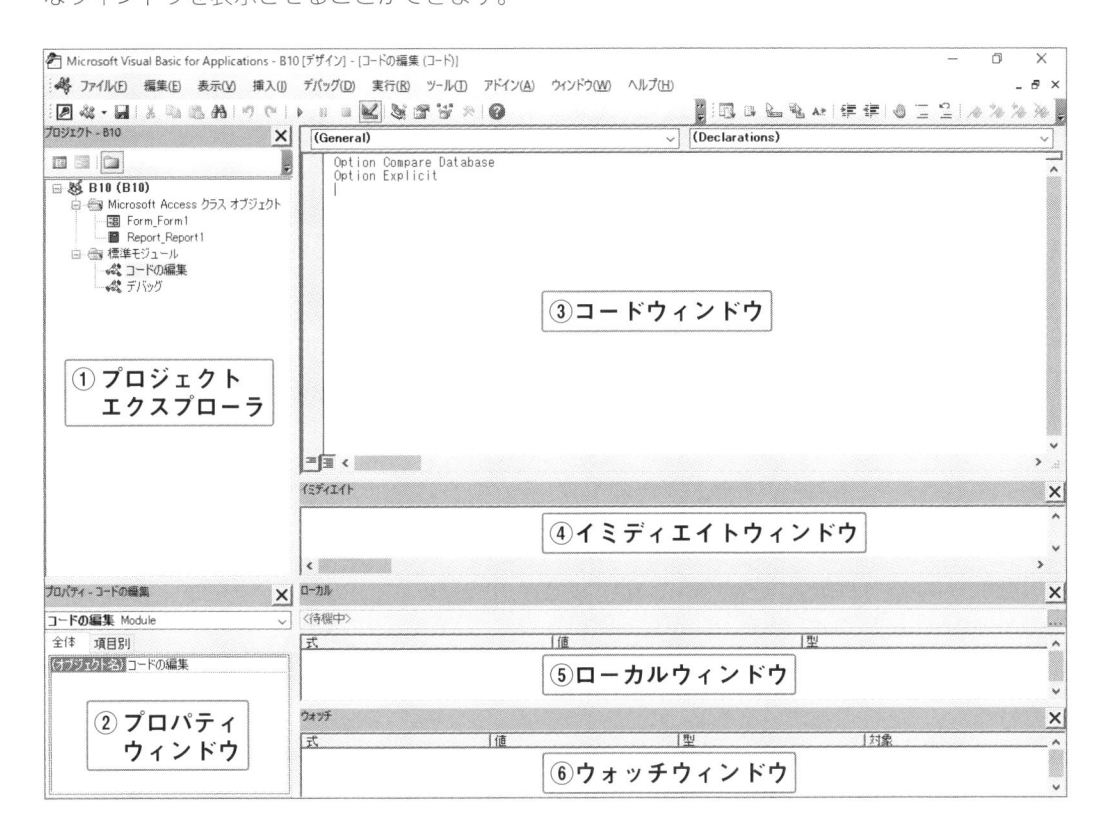

①プロジェクトエクスプローラ

現在のプロジェクトにあるすべてのモジュールを階層構造で表示します。モジュールの追加や削除、インポートやエクスポートを行うことができます。[表示]メニュー→[プロジェクト エクスプローラ]で表示することができます。

②プロパティウィンドウ

選択されているオブジェクトのプロパティを表示・編集することができます。[全体]タブではプロパティをアルファベット順に、[項目別]タブでは項目別に、それぞれ表示します。[表示]メニュー→[プロパティ ウィンドウ]で表示することができます。

③コードウィンドウ

プログラムのコードを表示・編集することができます。コードウィンドウを複数表示したり、上下に分割して表示することもできます。

④イミディエイトウィンドウ

簡単な計算式を実行したり、プロシージャを呼び出すことができます。またプロパティや変数など、実行中のプロシージャの内容を出力させることもできます。［表示］メニュー→［イミディエイト ウィンドウ］で表示することができます。

⑤ローカルウィンドウ

実行中のプロシージャ内にある、すべての変数の値を確認できます。［表示］メニュー→［ローカルウィンドウ］で表示することができます。

⑥ウォッチウィンドウ

実行中のプロシージャ内にあるプロパティや変数の内容を確認したり、条件式を満たしたときにコードの実行を中断することができます。［表示］メニュー→［ウォッチ ウィンドウ］で表示することができます。

● ウィンドウのドッキング／フローティング

これらのウィンドウは、必要に応じて切り離して表示したり、他の場所にドッキングして表示するなど、自由にレイアウトを変更することができます。切り離すときは、ウィンドウのタイトルバーを切り離したい場所へドラッグアンドドロップします。

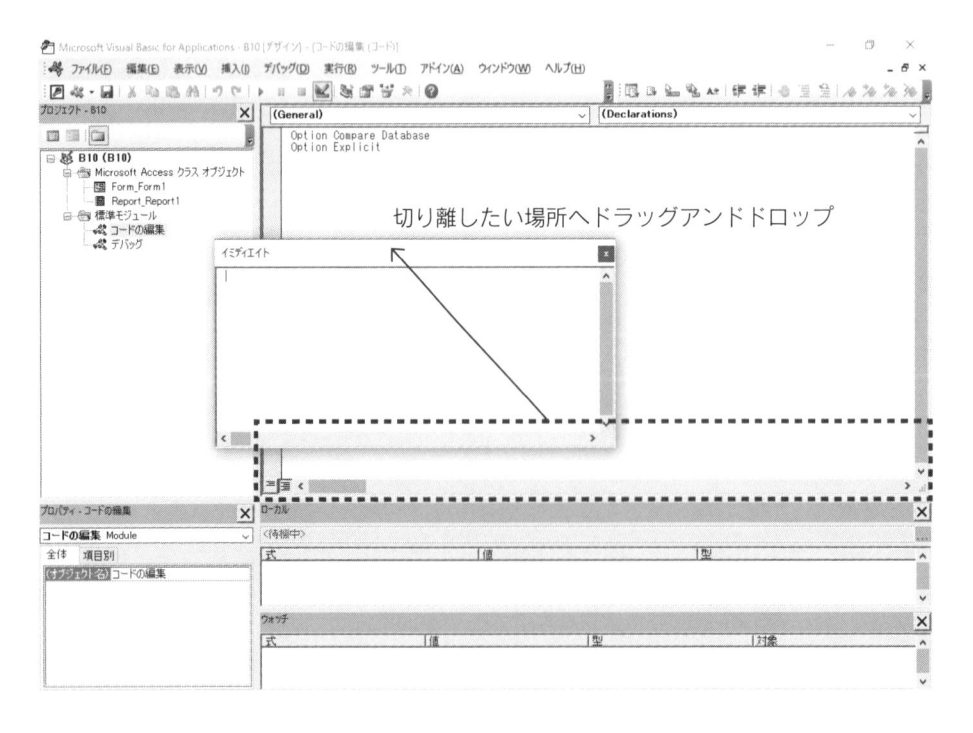

ドッキングさせるときは、ドッキングさせたい場所へタイトルバーをドラッグし、ウィンドウの枠が細線になったところでドロップします。

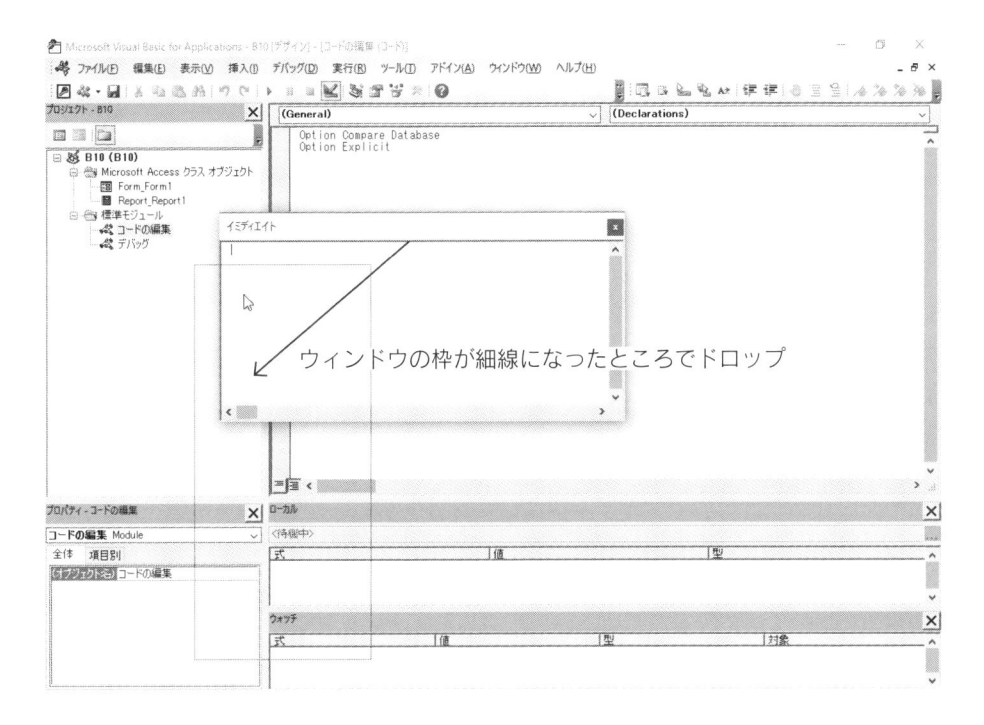

ウィンドウの枠が細線になったところでドロップ

● ウィンドウサイズの変更

これらのウィンドウは、必要に応じてサイズを変更することができます。ウィンドウの境界線を上下、左右にドラッグアンドドロップすることで、ウィンドウのサイズが変化します。

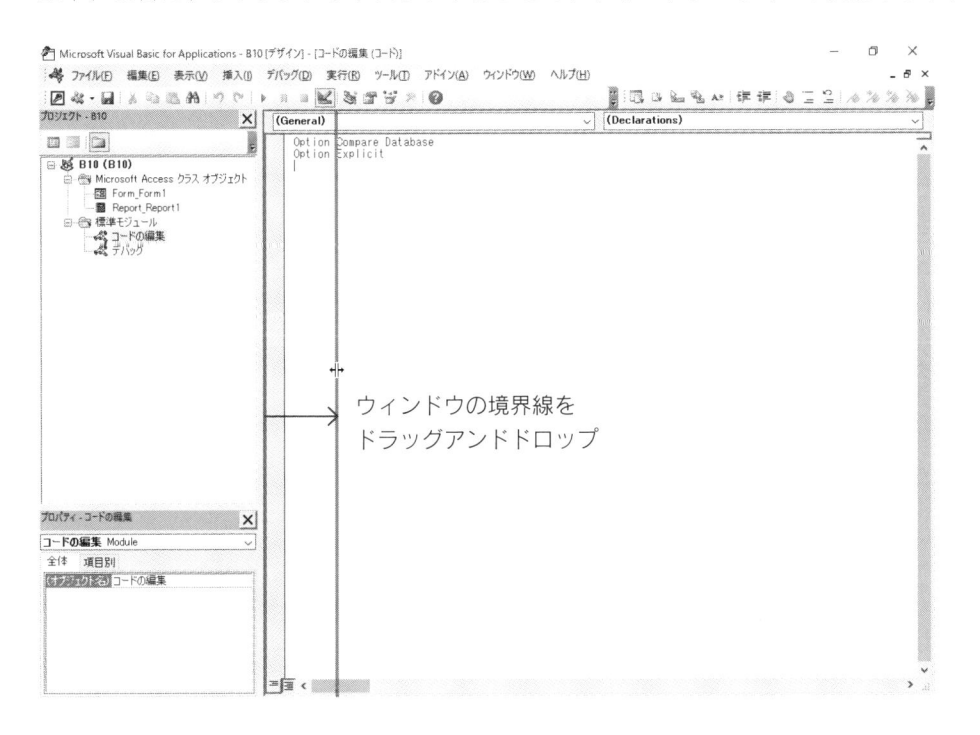

ウィンドウの境界線を
ドラッグアンドドロップ

251

また各ウィンドウは、必要に応じて非表示にすることもできます。ウィンドウを非表示にするには、ウィンドウ右上にある［閉じる］ボタンをクリックします。

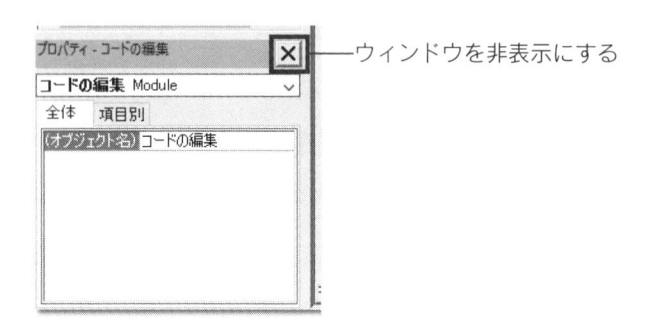

——ウィンドウを非表示にする

プロジェクトエクスプローラの操作

プロジェクトエクスプローラは、プロジェクト全体を見渡したり、モジュールを選択してコードウィンドウを表示させるのに、大変便利な機能です。プロジェクトエクスプローラの画面構成は次の通りです。

① ［コードの表示］ボタン

② ［オブジェクトの表示］ボタン

③ ［フォルダの切り替え］ボタン

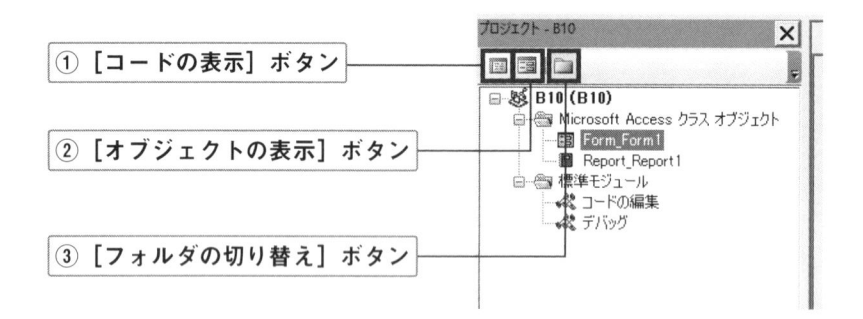

①［コードの表示］ボタン
選択されているオブジェクトのコードを、コードウィンドウに表示します。

②［オブジェクトの表示］ボタン
フォームモジュール・レポートモジュールが選択されている場合、本体であるフォームオブジェクト・レポートオブジェクトを表示します。標準モジュールでは表示するオブジェクトがないため、使用不可になります。

③［フォルダの切り替え］ボタン
オンのときは、モジュールの種類によって各フォルダにモジュールを分類して表示します。

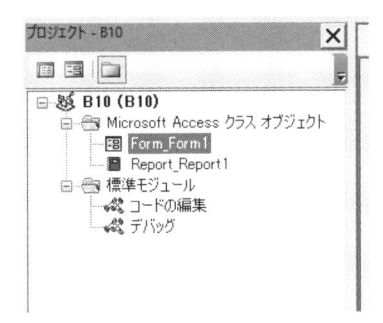

オフにすると、すべてのモジュールを一覧にして表示します。

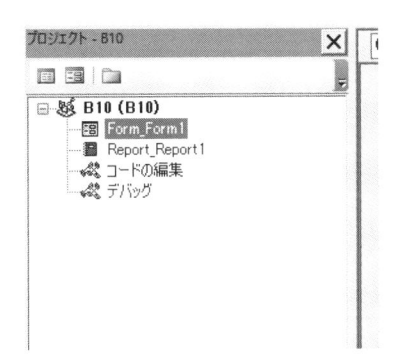

▼memo

フォルダの左にある⊞ボタンをクリックすると、フォルダが展開し配下のモジュールが表示されます。⊟ボタンをクリックすると、フォルダが折りたたまれモジュールが非表示になります。

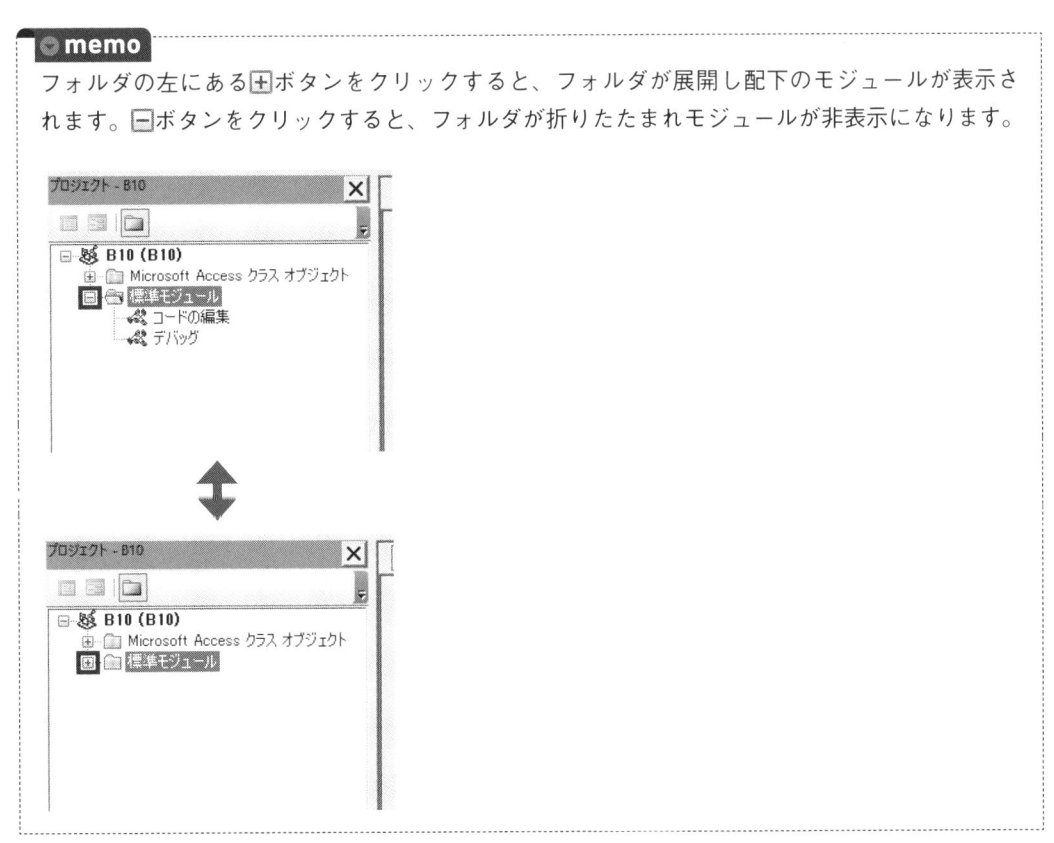

コードウィンドウの操作

コードウィンドウは、実際にコードの記述・修正を行う重要なウィンドウです。コードウィンド
ウの機能を知ることで、コードをより効率的に記述することができます。コードウィンドウの画
面構成は次の通りです。

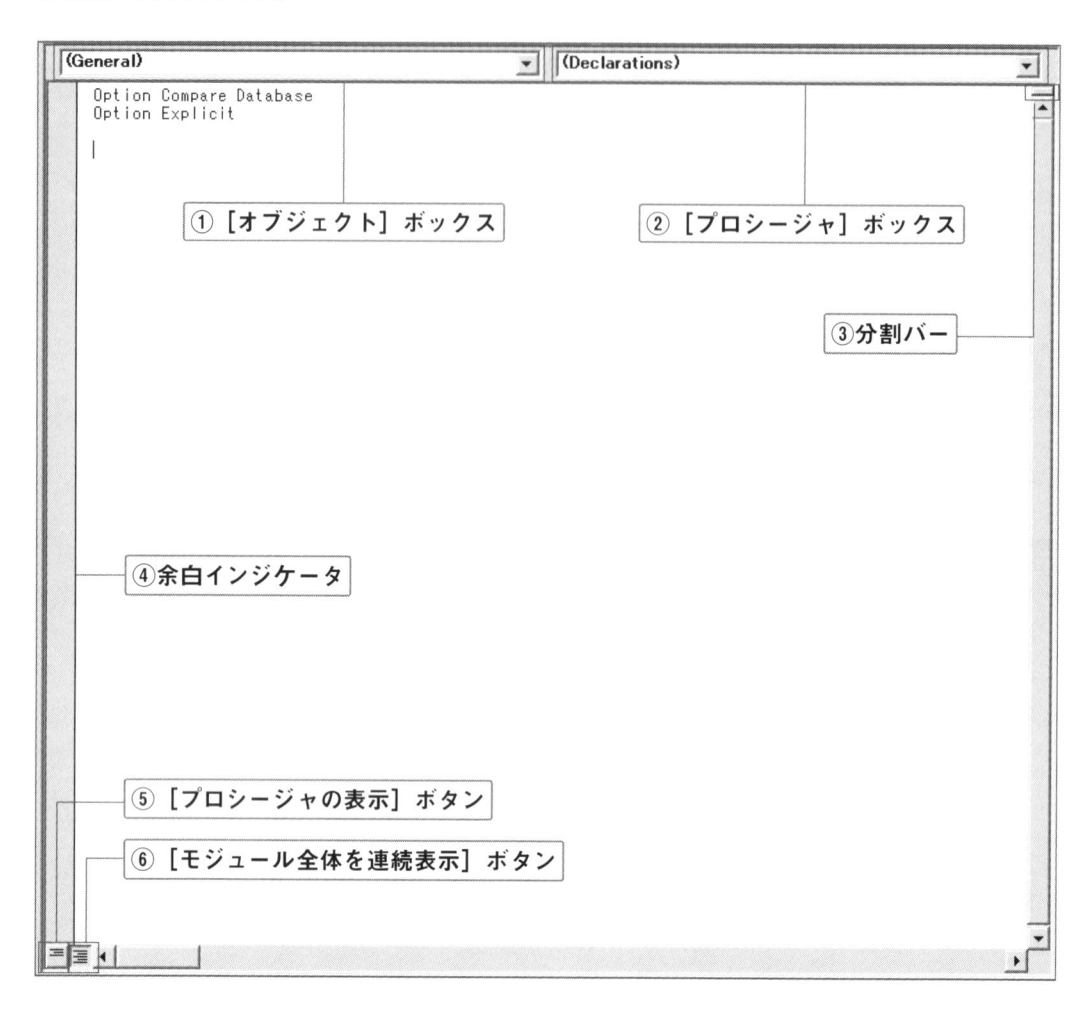

①[オブジェクト]ボックス

イベントプロシージャに関連付けられているオブジェクト名を表示します。プロシージャがオブ
ジェクトのイベントに関連付けられていない場合、「(General)」と表示されます。

②[プロシージャ]ボックス

[オブジェクト]ボックスでオブジェクトを選択している場合、そのオブジェクトで利用できる
イベント名が表示されます。[オブジェクト]ボックスが「(General)」の場合、標準プロシー
ジャの一覧が表示されます。

③分割バー

ドラッグすることで、コードウィンドウを上下に分割することができます。分割したウィンドウ
は、それぞれスクロールさせることができるので、モジュール内の離れた場所を同時に表示させ
たいときなどに大変便利です。

```
(General)                              ▼    Test4                               ▼
    Option Compare Database
    Option Explicit

    Sub Test()
        Dim MyStr As String
        MyStr = "コードの3行目が実行されました"
        MyStr = "コードの4行目が実行されました"
        Stop
        MyStr = "コードの5行目が実行されました"
        MyStr = "コードの6行目が実行されました"
    End Sub

    Sub Test2()
        Dim MyLng As Long
        Dim i As Long
        For i = 1 To 100
            MyLng = MyLng + i
        Next i
    End Sub

    Sub Test4()
        Dim MyTest1 As Variant
        Dim MyTest2 As Variant
        Dim MyTest3 As Variant
        Dim MyTest4 As Variant
        Dim MyTest5 As Variant

        For MyTest1 = 1 To 100
            Select Case MyTest2
            Case MyTest3
                MyTest3 = MyTest1
            Case MyTest4
                MyTest4 = MyTest1
            Case MyTest5
                MyTest5 = MyTest1
            Case Else
                MyTest2 = 0
            End Select
        Next MyTest1
    End Sub
```

④余白インジケータ

クリックすることでブレークポイントを設定できます。またステップ実行の際に、現在実行中の
行を矢印で表示します。ブレークポイントおよびステップ実行については、本章の「10-2　デ
バッグ」で解説します。

⑤ ［プロシージャの表示］ボタン

現在カーソルのあるプロシージャのみを表示します。

```
(General)                                    Test
    Sub Test()
        Dim MyStr As String
        MyStr = "コードの3行目が実行されました"
        MyStr = "コードの4行目が実行されました"
        Stop
        MyStr = "コードの5行目が実行されました"
        MyStr = "コードの6行目が実行されました"
    End Sub
```

⑥[モジュール全体を連続表示]ボタン

モジュール内のすべてのプロシージャを表示します。

```
(General)                                    Test
    Option Compare Database
    Option Explicit

    Sub Test()
        Dim MyStr As String
        MyStr = "コードの3行目が実行されました"
        MyStr = "コードの4行目が実行されました"
        Stop
        MyStr = "コードの5行目が実行されました"
        MyStr = "コードの6行目が実行されました"
    End Sub

    Sub Test2()
        Dim MyLng As Long
        Dim i As Long
        For i = 1 To 100
            MyLng = MyLng + i
        Next i
    End Sub

    Sub Test3()
        Dim i As Long
        For i = 1 To 10
            MsgBox i & "回、繰り返されました"
        Next i
    End Sub

    Sub Test4()
        Dim MyTest1 As Variant
        Dim MyTest2 As Variant
        Dim MyTest3 As Variant
        Dim MyTest4 As Variant
        Dim MyTest5 As Variant

        For MyTest1 = 1 To 100
            Select Case MyTest2
            Case MyTest3
                MyTest3 = MyTest1
            Case MyTest4
                MyTest4 = MyTest1
            Case MyTest5
                MyTest5 = MyTest1
            Case Else
                MyTest2 = 0
            End Select
        Next MyTest1
```

> **◆ memo**
>
> 複数のコードウィンドウを並べて表示することもできます。その場合は、［ウィンドウ］メニュー→［上下に並べて表示］または［左右に並べて表示］を選択します。現在開いているコードウィンドウが、上下または左右に並べられます。
>
>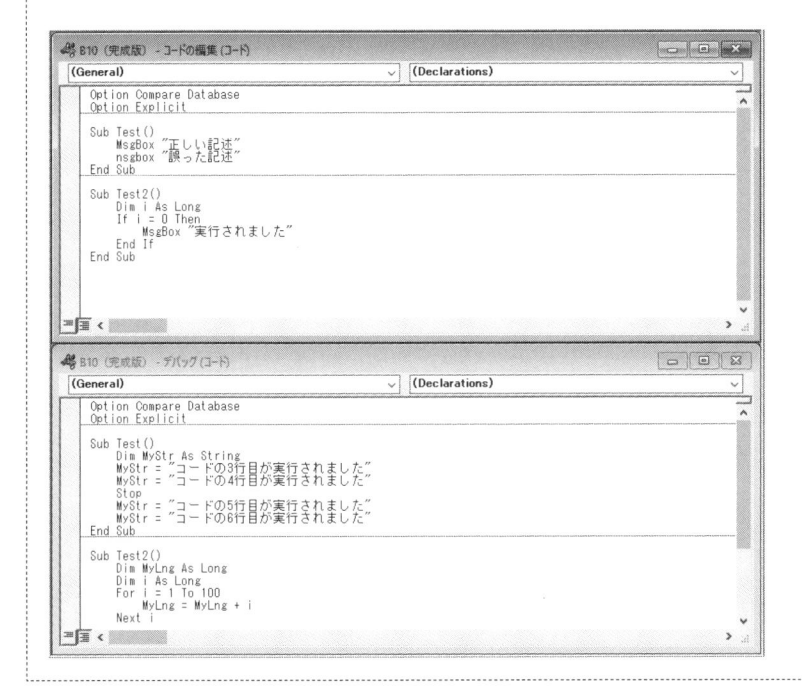

コードの編集作業

コードウィンドウ上でコードを編集する際、VBEの入力補助機能や、自動クイックヒント・自動メンバ表示などの便利な機能を利用することができます。

● 自動スペルチェック

VBEでキーワードを入力した際、スペルが間違っていると大文字／小文字に自動的に変換されないため、入力ミスがすぐに分かります。

では実際に、コードを記述して動作を確認してみましょう。

❶実習ファイル「B10.accdb」を開いてください

❷「コードの編集」モジュールをダブルクリックしてVBEを開きます

❸コードウィンドウに次のコードを記述します

```
Sub Test()
    msgbox "正しい記述"


End Sub
```

❹「msgbox " 正しい記述"」と記述して Enter キーを押すと、「MsgBox」と大文字/小文字の変換が自動的に行われます

```
Sub Test()
    MsgBox "正しい記述"
    |
End Sub
```

❺次に「nsgbox " 誤った記述"」と記述して Enter キーを押しても、スペルが間違っているため自動変換されません

```
Sub Test()
    MsgBox "正しい記述"
    nsgbox "誤った記述"
    |
End Sub
```

❻また変数を「MyStr」のように、大文字/小文字を組み合わせた変数名で宣言した場合も同様に、スペルミスをして記述したときは自動変換されません

```
Sub Test()
    Dim MyStr As String
    MyStr = "test"
    nystr = MyStr & "01"
End Sub
```
スペルミスをして記述したため
自動変換されない

● **自動構文チェック**

VBAの書式や構文を誤って記述した場合、改行時にVBEがエラーメッセージを表示し、構文の誤りを指摘します。

では実際に、コードを記述して動作を確認してみましょう。

❶コードウィンドウに次のコードを記述します

```
Sub Test2()
    Dim i As Long
    if i = 0


End Sub
```

❷「if i = 0」と記述して改行すると「Then」の記述がないため次のメッセージが表示されます。

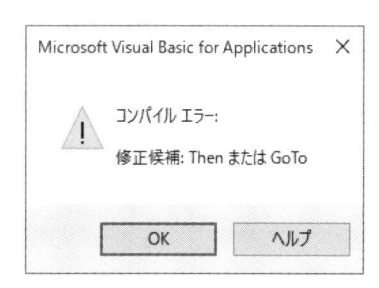

さらに誤りを含む行を赤字で表示し、誤りを修正するまで赤字で表示し続けます。

```
Sub Test2()
    Dim i As Long
    If i = 0|

End Sub
```

またプロシージャを実行するときにも構文チェックを行い、誤りを含んでいる場合はプロシージャを実行することができません

❸先ほどのコードに記述を追加します

```
Sub Test2()
    Dim i As Long
    If i = 0 Then
        MsgBox "実行されました"
End Sub
```

❹このコードを実行すると「End If」の記述がないため次のメッセージが表示され、プロシージャの実行が中断されます

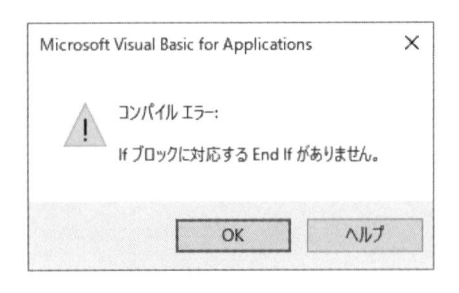

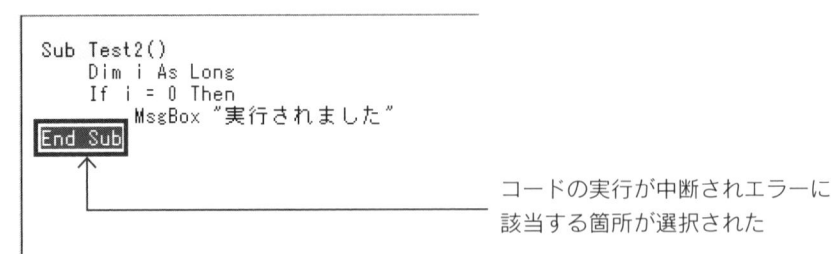

コードの実行が中断されエラーに
該当する箇所が選択された

プロシージャの実行時の構文チェックは、実際にプロシージャを実行しなくても行うことができます。その場合は、[デバッグ] メニュー→ [○○ のコンパイル] (○○はプロジェクト名) を選択します。選択すると、プロジェクト全体のコンパイルを行い、構文チェックを行います。エラーが見つかったときは、先ほどと同様にメッセージを表示し、該当する部分を選択します。

● 自動クイックヒント

コードの入力中に、関数やメソッドの構文を自動的に表示します。複雑な構文を入力するときに大変便利です。

```
Sub Test()
    Dim MyStr As String
    mystr=inputbox(
End Sub     InputBox(Prompt, [Title], [Default], [XPos], [YPos], [HelpFile], [Context]) As String
```

手動でヒントを表示させるには、[編集] ツールバーの [クイック ヒント] ボタンをクリックするか、Ctrl + I キーを押します。

● 自動メンバ表示

オブジェクトで使用できる、プロパティやメソッドの一覧を表示したり、プロパティに使用する定数の一覧を表示します。一覧から選択して記述できるため、スペルミスのない正確な記述が可能になります。このとき、Enter キーで選択すると改行されてしまいますので、Tab キーまたは Space キーを押して選択します。また、Esc キーを押すと非表示にすることもできます。

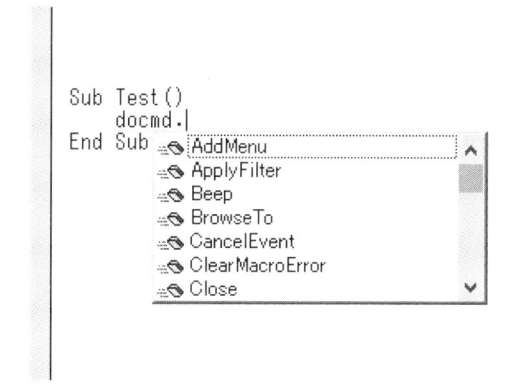

手動でメンバを表示させるには、[編集] ツールバーの [プロパティ/メソッドの一覧] ボタンを
クリックするか、Ctrl + J キーを押します。

● 入力候補の表示

関数やステートメントのスペルが分からないときや、長いスペルのキーワードをすばやく入力し
たいときに、便利な機能です。入力候補は自動で表示されないため、手動で表示させる必要があ
ります。入力候補を表示させるには、[編集] ツールバーの [入力候補] ボタンをクリックするか、
Ctrl + Space キーを押します。

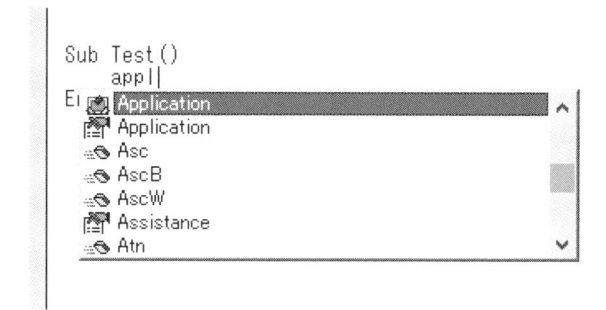

● 文字列の検索や置き換え

[標準] ツールバーの [検索] ボタンをクリック、または Ctrl + F キーを押すことで、[検索]
ダイアログボックスを表示させることができます。

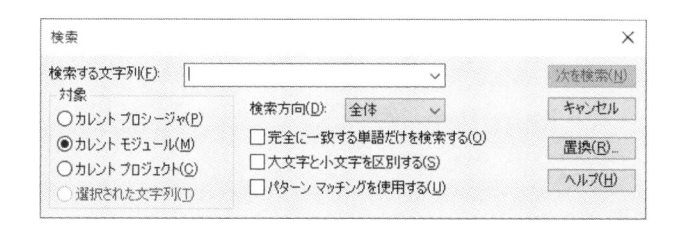

また、[編集] メニュー→ [置換] を選択、または Ctrl + H キーを押すことで、[置換] ダイア
ログボックスを表示させることができます。

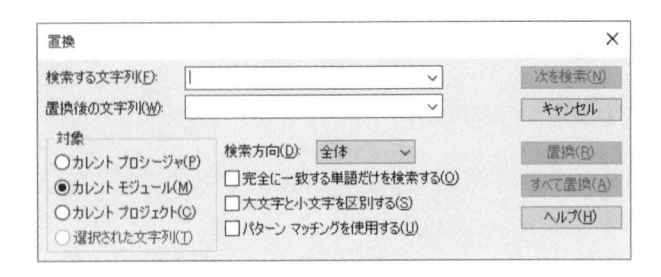

[検索] ダイアログボックスや [置換] ダイアログボックスの [対象] オプショングループにて、検索や置換の対象範囲を変更することができます。たとえば、[カレント モジュール] を選択した場合、現在のモジュールが処理の対象になります。[カレント プロジェクト] を選択した場合、プロジェクト内にあるすべてのモジュールが処理の対象になります。

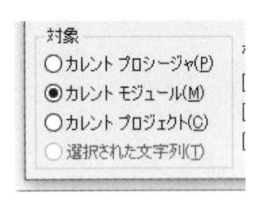

● ヘルプの利用

キーワードにカーソルのある状態で F1 キーを押すと、ブラウザが起動し、そのキーワードの項目を表示します。

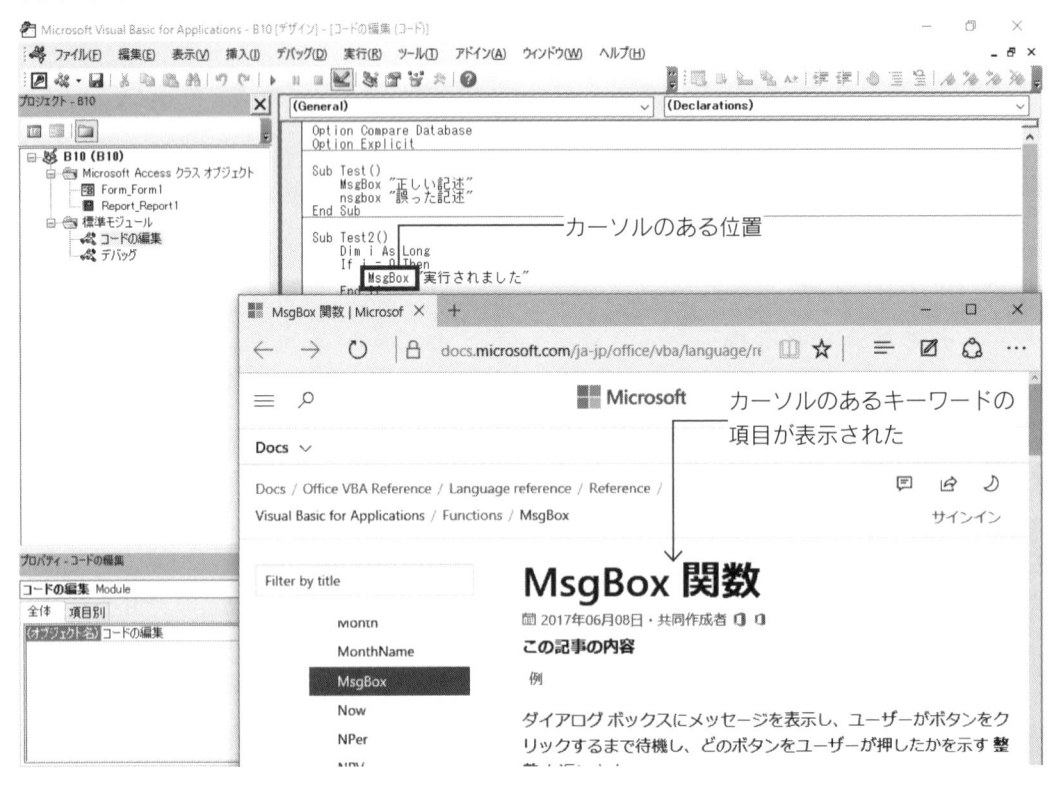

10-2 デバッグ

プログラムを開発する上で、エラーの発生は避けて通れない問題です。エラーの種類には、コードを記述している際に発生するものや、作成したコードを実行している際に発生するものなど、様々な原因によるものがあります。VBAで発生するエラーを大別すると、主に次の3種類になります。

エラーの種類	内容
コンパイルエラー	構文や文法に誤りがあり、コードの実行ができないエラー
実行時エラー	コードの実行時に、処理が継続できなくなり発生するエラー
論理エラー	プログラムが、目的通りの動作を行わないエラー

デバッグとは

デバッグとは、このような**エラーを取り除くためにコードを調べ、ミスを修正する作業**です。VBEには、たくさんのデバッグを支援する機能があり、それらを利用することで効率的にデバッグを行うことができます。

> **◆memo**
>
> デバッグには、VBEの［デバッグ］ツールバーを利用すると大変便利です。［デバッグ］ツールバーは、［表示］メニュー→［ツールバー］→［デバッグ］を選択することで表示させることができます。
>
>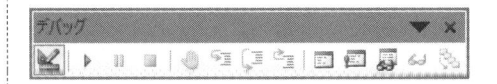

プロシージャの強制終了

エラーのためにプロシージャが終了できないなど、プロシージャの実行を強制的に終了させたいケースがあります。このような場合、次の方法でプロシージャの実行を強制終了させることができます。

【プロシージャを強制終了させる】

`Ctrl` ＋ `Break` キーを押す

プロシージャの実行を強制終了すると、次のメッセージが表示されます。

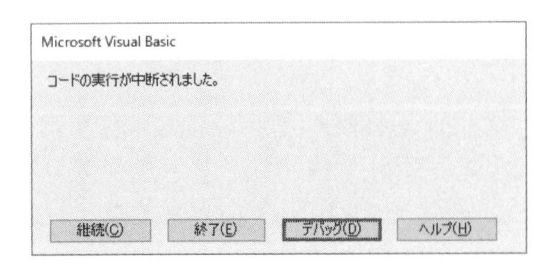

このとき［終了］ボタンをクリックするとプロシージャの実行が終了します。［デバッグ］ボタンをクリックすると、コードの実行が一時停止され、中断モードに入ります。中断モードに入るとVBEのタイトルバーに［中断］と表示されます。また、中断した箇所が黄色く反転した状態で表示されます。

この状態で［標準］ツールバーの［継続］ボタンをクリックするか、`F5` キーを押すと、黄色く反転した箇所（コードが中断された箇所）から、コードの実行が再開されます。

実行中のプロシージャを中断する

先ほどは、`Ctrl` ＋ `Break` キーを押すことで実行中のプロシージャをユーザーが強制的に終了（中断）しました。これとは別に、コード内にプロシージャの実行を中断するようにあらかじめ設定をしておくことができます。

● ブレークポイント

コードウィンドウの余白インジケータをクリックすることで、プロシージャ内の任意の行にブレークポイントを設定することができます。プロシージャを実行すると、ブレークポイントに設定した行で、コードの実行が中断します。

```
Sub Test()
    Dim MyStr As String
    MyStr = "コードの3行目が実行されました"
    MyStr = "コードの4行目が実行されました"
    MyStr = "コードの5行目が実行されました"
    MyStr = "コードの6行目が実行されました"
End Sub
```

これは先ほどの [Ctrl] + [Break] キーによるプロシージャの強制終了で、コードの実行が一時停止された状態と同じです。この状態から、コードの実行を再開することができます。

また、ブレークポイントに設定した行の余白インジケータをもう一度クリックすると、ブレークポイントの設定を解除することができます。

```
        MyStr = "コードの3行目が実行されました"
        MyStr = "コードの4行目が実行されました"
        MyStr = "コードの5行目が実行されました"
        MyStr = "コードの6行目が実行されました"
End Sub
```

ここをクリックするとブレークポイントの設定が解除される

> **◉memo**
>
> ブレークポイントの設定は、設定を行いたい行にカーソルがある状態で [F9] キーを押すことでも可能です。すでにブレークポイントが設定された行で [F9] キーを押すと、設定を解除します。

ブレークポイントは、1つだけではなく複数設定することができます。ただし、Dim ステートメントで変数を宣言している行など、ブレークポイントを設定できない行もあります。また、複数設定したブレークポイントを一度に解除するには、［デバッグ］メニュー→［すべてのブレークポイントを解除］を選択します。

では実際に、コードを記述して動作を確認してみましょう。

❶ プロジェクトエクスプローラの「デバッグ」モジュールをダブルクリックします

❷ コードウィンドウに次のコードを記述してください

```
Sub Test()
    Dim MyStr As String
    MyStr = "コードの3行目が実行されました"
    MyStr = "コードの4行目が実行されました"
    MyStr = "コードの5行目が実行されました"
    MyStr = "コードの6行目が実行されました"
End Sub
```

❸ コードの4行目と6行目にブレークポイントを設定します

❹ コードを実行すると、4行目のブレークポイントでコードの実行が中断します

❺ [F5] キーを押すと、6行目のブレークポイントで、再度コードの実行が中断します

❻さらに F5 キーを押すと、プロシージャの実行が終了します

❼終了したら［デバッグ］メニュー→［すべてのブレークポイントを解除］を選択し、ブレークポイントの設定を解除します

● Stop ステートメント

コード内に**Stopステートメント**を記述することで、Stopステートメントの行でプロシージャの実行を中断させることができます。ブレークポイントは便利な機能ですが、その設定を保存することができません。Stopステートメントはステートメントを削除しない限り有効ですので、デバッグ中にデータベースファイルを閉じる必要があるときなどは、Stopステートメントを使用します。

❶先ほどのコードに記述を追加します

```
Sub Test()
    Dim MyStr As String
    MyStr = "コードの3行目が実行されました"
    MyStr = "コードの4行目が実行されました"
    Stop
    MyStr = "コードの5行目が実行されました"
    MyStr = "コードの6行目が実行されました"
End Sub
```

❷コードを実行すると、5行目のStopステートメントで、コードの実行が中断します

● ウォッチウィンドウ

ウォッチウィンドウのウォッチ式に条件式を設定することで、変数がある値になったときなどに、プロシージャの実行を中断させることができます。

では実際に、コードを記述して動作を確認してみましょう。

❶コードウィンドウに次のコードを記述します

```
Sub Test2()
    Dim MyLng As Long
    Dim i As Long
    For i = 1 To 100
```

```
        MyLng = MyLng + i
    Next i
End Sub
```

❷実行する前にあらかじめウォッチウィンドウを開いておきます。ウォッチウィンドウを右クリックしてショートカットメニューより［ウォッチ式の追加］を選択します

❸次のダイアログボックスが表示されるので、［式］テキストボックスに「i = 10」の式を追加し、［対象］グループの［プロシージャ］コンボボックスから「Test2」プロシージャを選択、［ウォッチの種類］オプションボタンで［式が Trueのときに中断］を選択してください

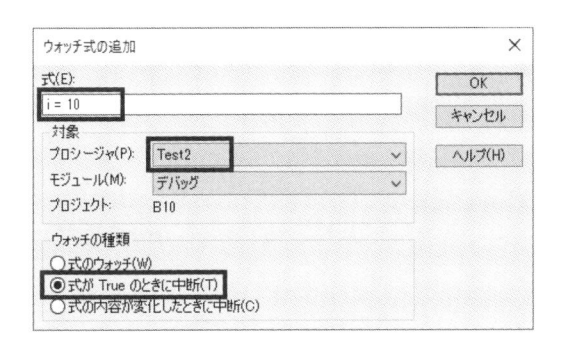

❹［OK］ボタンをクリックすると、ウォッチウィンドウにウォッチ式が追加されます

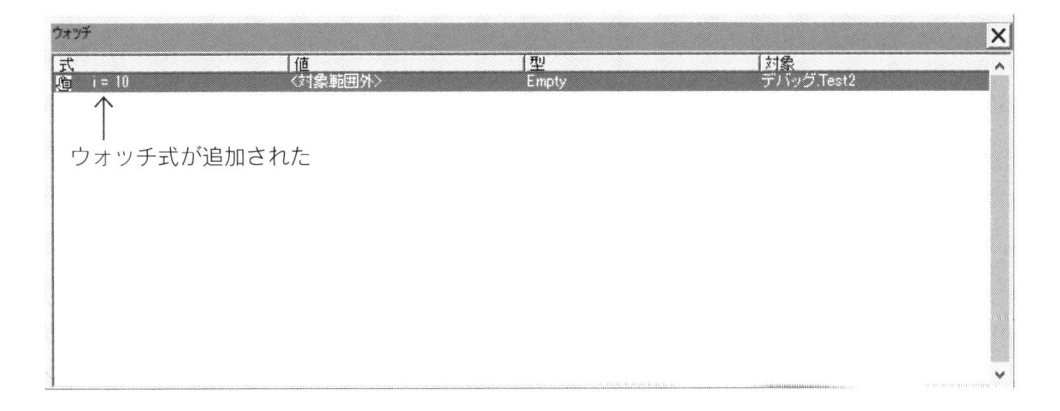

ウォッチ式が追加された

❺コードを実行すると、10回目に繰り返し処理が行われた時点で、コードの実行が中断されます

ステップイン実行

プロシージャのステートメントを、1行単位で実行します。ステップイン実行をさせるには、[デバッグ] ツールバーの [ステップ イン] ボタンをクリックするか、F8 キーを押します。ステップイン実行には、プロシージャの最初からステップイン実行させる方法と、ブレークポイントなどでプロシージャの実行を中断させた後、ステップイン実行させる方法があります。

ステップイン実行時に、ローカルウィンドウでプロシージャ内の変数の変化について確認することができます。また、変数が記述されている場所にマウスポインタを重ねることで、変数の値を確認することができます。

```
        For i = 1 To 100
⇨           MyLng = MyLng + i
        Next i        MyLng = 45
    End Sub
```

ステップイン実行で途中のステップインをとばしたいときは、次に処理を中断させたい行までカーソルを移動し Ctrl + F8 キーを押します。カーソルのある行の、前の行までの処理が一気に実行されます。

実際に、ステップイン実行をしてみましょう。

❶ 実行する前にあらかじめローカルウィンドウを開いておきます

❷ 先ほどの「Test2」プロシージャを再度実行してください。先ほどと同様に10回繰り返し処理が行われた時点でコードの実行が中断します。そのとき、ローカルウィンドウには次のように表示されています

❸ F8 キーを押してステップイン実行させます。ローカルウィンドウの変数の値が、変化していく様子を確認してください

イミディエイトウィンドウの利用

イミディエイトウィンドウを利用すると、さらに効率的なデバッグが可能になります。実行中のプロシージャの変数の値を連続して出力したり、関数の結果などを実行前に確認することができます。

● Debug.Print

Debug オブジェクトの **Print メソッド**を使用すると、イミディエイトウィンドウに変数の値や、関数の結果などを出力させることができます。たとえば、繰り返し処理の中で更新される変数の値を MsgBox 関数で確認する場合、繰り返し回数が多いと時間がかかり大変です。このとき、MsgBox 関数の代わりに Debug.Print を使ってイミディエイトウィンドウに結果を出力させれば、後から値の変化を簡単に確認することができます。

では実際に、コードを記述して動作を確認してみましょう。

❶ コードウィンドウに次のコードを記述します

```vba
Sub Test3()
    Dim i As Long
    For i = 1 To 10
        MsgBox i & "回、繰り返されました"
    Next i
End Sub
```

❷ 実行する前にあらかじめイミディエイトウィンドウを開いておきます

❸ コードを実行すると、10回メッセージボックスが表示されます

❹ コードの4行目「MsgBox i & " 回、繰り返されました "」を「Debug.Print i & " 回、繰り返されました "」に修正します

❺ 再度コードを実行すると、イミディエイトウィンドウに次のように出力されます

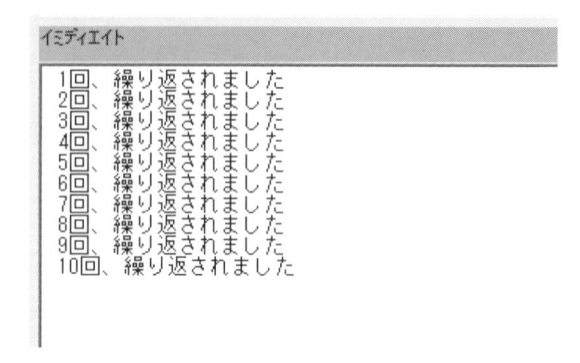

● 演算の実行

イミディエイトウィンドウでは、演算の結果を表示したり、関数を実行させることができます。

実際に、イミディエイトウィンドウに記述して確認してみましょう。

❶ イミディエイトウィンドウに「?100^2＊3.14」と記述し Enter キーを押すと、「31400」
と演算の結果を表示します

```
イミディエイト
?100^2*3.14
 31400
|
```

❷ また「?replace("A＊B＊C＊D"," ＊ ","-",3,1)」と記述し Enter キーを押すと、「B-C＊D」
と Replace 関数による結果を表示します

```
イミディエイト
?replace("A*B*C*D","*","-",3,1)
B-C*D
|
```

演算や関数の結果を返す必要がない場合、「?」を記述する必要はありません。たとえばイミディ
エイトウィンドウからメッセージを表示する場合、「msgbox "TEST"」と記述し Enter キー
を押せば、MsgBox 関数が実行されメッセージが表示されます。

● プロシージャの呼び出し

イミディエイトウィンドウから、プロシージャを呼び出すことができます。

実際に、イミディエイトウィンドウに記述して確認してみましょう。

❶ イミディエイトウィンドウに「test3」と記述し Enter キーを押します。先ほど作成した
「Test3」プロシージャが実行されます

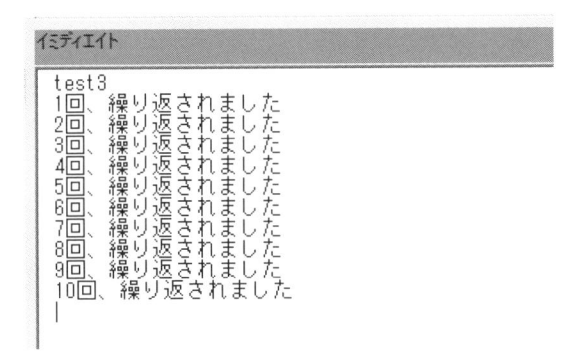

● プロシージャの中断時に使用する

プロシージャの実行を中断したとき、イミディエイトウィンドウを使って変数の値などを確認す
ることができます。

実際に、イミディエイトウィンドウに記述して確認してみましょう。

❶ この項の最初に作成した「Test」プロシージャを実行します。コードの5行目の「Stop」ス
テートメントで処理が中断します

❷ イミディエイトウィンドウに「?mystr」と記述して Enter キーを押すと、変数「MyStr」の
中断している時点での値を出力します

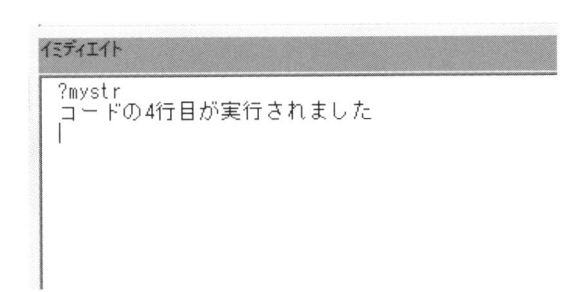

10-3 コードの保護

作成したVBAのプロジェクトは、パスワードで保護することができます。開発時や配布時に、プロジェクト内のソースコードを保護・秘匿したい場合があります。ここではパスワードや配布形式により、ソースコードを保護する方法を解説します。

VBA Projectの保護とデータベースの保護

プロジェクトのプロパティから、プロジェクト全体をパスワードで保護（ロック）することができます。パスワードで保護されたプロジェクトは、正しいパスワードを入力しないと、内容を表示・編集することができません。プロジェクトにロックをかけるには、[ツール] メニュー→ [○○のプロパティ]（○○はプロジェクト名）を選択するか、プロジェクトエクスプローラのプロジェクトアイコンを右クリックし、ショートカットメニューより [○○のプロパティ] を選択します。

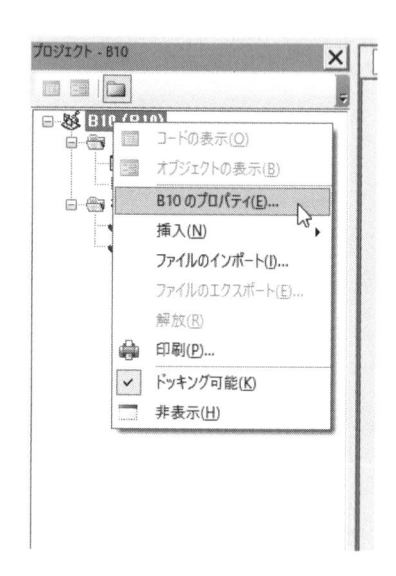

表示された [プロジェクト プロパティ] ダイアログボックスで [保護] タブをクリックし、[プロジェクトを表示用にロックする] チェックボックスにチェックを入れ、[プロジェクトのプロパティ表示のためのパスワード] の2つのテキストボックスにパスワードを入力します。

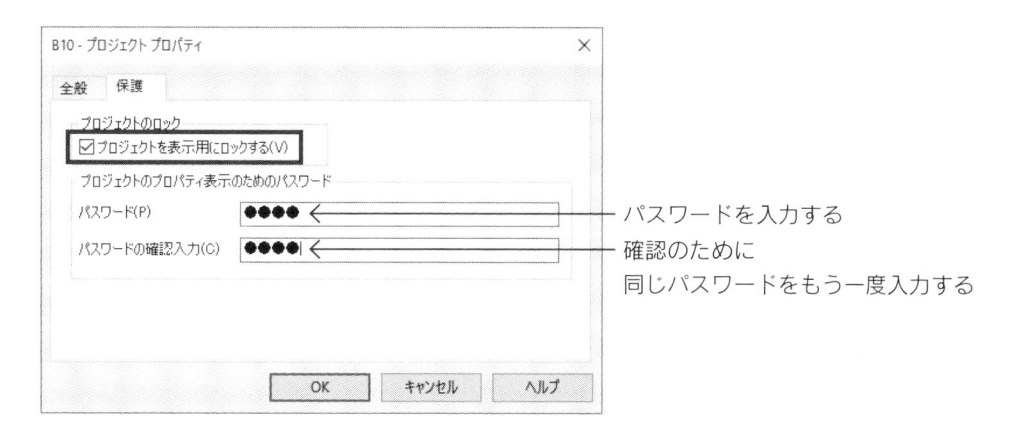

パスワードを入力する

確認のために
同じパスワードをもう一度入力する

[OK] ボタンをクリックします。データベースファイルを保存して閉じ、再度VBEを開くとプロジェクトにロックがかかり、パスワードの入力を求めるダイアログボックスが表示されます。

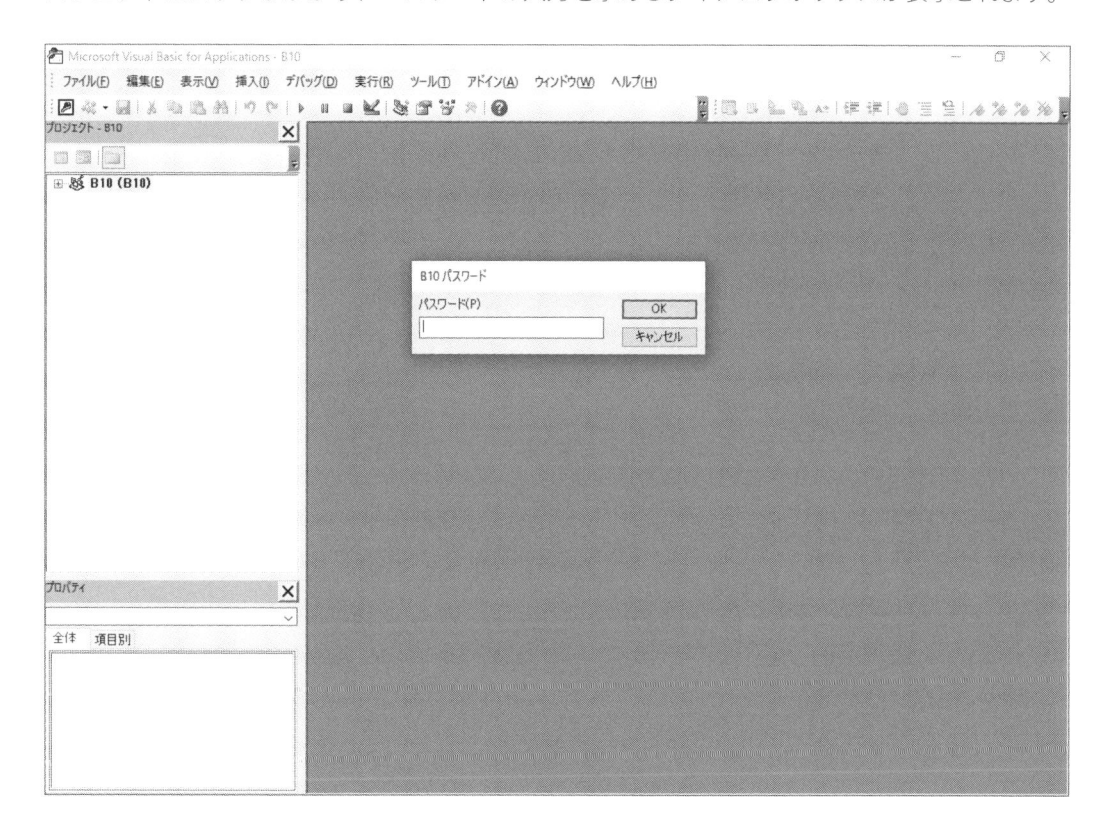

memo

プロジェクトのロックとは別に、データベースファイルにパスワードを設定することができます。この場合、パスワードを入力しないとデータベースを開くことができなくなります。ただし、データベースを開いた後は自由にプロジェクトの内容を見ることができるため、ソースコードを保護するにはプロジェクトのロックを別に行う必要があります。

プロジェクトのロックは、パスワードによりプロジェクトのソースコードを保護しますが完璧ではありません。何らかの理由でロックを解除された場合、プロジェクトの内容がすべて表示されてしまいます。完全にソースコードを保護／秘匿したい場合は、次で解説する「accde」ファイル形式による配布を推奨します。

配布形式

Accessで開発したデータベースファイルを配布するには、主に次の4つのファイル形式があります。

ファイル形式	内容
accdb	通常のデータベースファイル。ユーザーがアプリケーションのカスタマイズを自由に行うことができる
accde	実行専用のデータベースファイル。すべてのVBAコードがコンパイルされた状態で保存されるためソースコードは削除されている
accdr	ランタイムモードのデータベースファイル。Accessがインストールされていないマシンではランタイムモードで実行されるためデータベースのカスタマイズはできないが、Accessのインストールされたマシンでは通常のデータベースファイルとして開くことができる
accdc	デジタル署名を追加したデータベースファイル

コードを保護するという観点からは、通常のデータベースファイルにプロジェクトロックをかけて配布するよりも、実行専用のデータベースファイル「accde」ファイル形式で配布する方が、より安全といえます。またランタイム形式「accdr」による配布は、Accessの製品版がインストールされた環境では通常のデータベースファイルとして開くことができるため、セキュリティを強化する手段になりません。

これで第10章の実習を終了します。実習ファイル「B10.accdb」を閉じ、Accessを終了します。[オブジェクトの保存]ダイアログボックスが表示されるので[はい]ボタンをクリックし、オブジェクトの変更を保存します。

Access VBA Basic
Index

● 著者プロフィール

武藤 玄 (むとう げん)

Microsoft のテクノロジーに関する豊富な知識と経験を持つ人物を表彰するMVP (Most Valuable Professional) プログラムのOffice Apps & Services MVP を受賞。文化庁メディア芸術祭でもVBA で開発した自作のプログラムが審査委員会推薦作品を受賞している。DB サーバを使用したシステムやAccess VBA による業務システムの豊富な開発経験をもつ。現在はSI 会社を設立、SE としての知識と経験を活かし、執筆やシステム開発で活躍中。

著書
VBAエキスパート公式テキスト　Access VBAスタンダード (オデッセイ コミュニケーションズ)
ストーリーで学ぶ　Excel VBAと業務改善のポイントがわかる本 (オデッセイ コミュニケーションズ)

VBAエキスパート 公式テキスト
Access VBAベーシック

2019年10月 7 日　初版 第 1 刷発行
2024年 9 月12日　初版 第 5 刷発行

著者	武藤 玄
発行	株式会社オデッセイ コミュニケーションズ
	〒100-0005　東京都千代田区丸の内3-3-1　新東京ビルB1
	E-Mail：publish@odyssey-com.co.jp
印刷・製本	中央精版印刷株式会社
カバーデザイン	柿木原 政広　渡部 沙織　10inc
本文デザイン・DTP	BUCH+